普通高等教育"十二五"规划教材

复变函数

郝志峰 编

科学出版社

北京

内 容 简 介

本书介绍复变函数的基本概念、基本理论和方法,包括复数与复变函数、解析函数、复变函数的微分、积分、级数、留数和共形映射等.本书在内容的安排上,深入浅出,叙述简明,列举大量的例题说明复变函数相关的定义和定理,每章还用小结的形式对该章主要内容进行归纳,每章末配备适量的习题,便于读者系统复习.

本书可作为大学工科各专业学生的教学用书,也可供相关专业的教师和科技工作者参考..

图书在版编目(CIP)数据

复变函数/郝志峰编. —北京:科学出版社,2015
普通高等教育"十二五"规划教材
ISBN 978-7-03-043323-7

Ⅰ.①复… Ⅱ.①郝… Ⅲ.①复变函数-高等学校-教材 Ⅳ.①O174.5

中国版本图书馆 CIP 数据核字(2015)第 027682 号

责任编辑:昌 盛 周金权 / 责任校对:邹慧卿
责任印制:霍 兵 / 封面设计:陈 敬

科学出版社 出版
北京东黄城根北街 16 号
邮政编码:100717
http://www.sciencep.com

保定市中画美凯印刷有限公司印刷
科学出版社发行 各地新华书店经销
*
2015 年 12 月第 一 版 开本:720×1000 1/16
2015 年 12 月第一次印刷 印张:10 3/4
字数:210 000
定价:25.00 元
(如有印装质量问题,我社负责调换)

前　言

高等数学研究了实变量函数,本书将研究复变量函数.其实,复变量函数是实变量函数的推广.

复变函数在数学中已形成一个重要分支,因为复变函数中的许多概念(复变函数的定义、极限、连续、导数、积分等)、理论是实变函数在复数领域内的推广和发展,所以它们之间有很多相似之处,然而也有很多不同之点.我们在整个教与学的过程中,既要注意它们的共同之处,又要注意它们的相异之点.

复变函数与数学中其他分支一样,也是由于客观实际的需要产生和发展起来的.

回顾历史,瑞士数学家欧拉(Euler,1707～1783)在前人确信负数开方能施行的基础上于 1737 年第一次提出用 i 表示－1 的平方根.因为这种数不是直接产生于计算或测量,所以相对于实数,人们很自然地称它为虚数.这样,数的概念在实数的基础上进一步得到发展,产生了复数与复变量.为了进一步研究复变量之间的依赖关系,德国数学家高斯(Gauss,1777～1855)于 1811 年正式引入了复变函数的概念.法国数学家柯西(Cauchy,1789～1857)给出了柯西-黎曼条件,于 1814 年建立起复变函数的积分理论,提供了计算留数公式.德国数学家魏尔斯特拉斯(Weierstrass,1815～1897)在 19 世纪初建立了复变函数的级数理论,德国数学家黎曼(Reimann,1826～1866)在 19 世纪对复变函数的几何理论作出了很大贡献.

由于生产实际问题的需要,复变函数理论从 19 世纪以来得到了蓬勃的发展,它不仅与其他学科(如理论物理、自动控制等)有着密切的联系,而且与数学中其他分支有着密切的联系,我国数学家陈景润(1933～1996)在研究"哥德巴赫猜想"问题中就广泛应用了复变函数的理论.正因为复变函数有如此广泛的联系与应用,所以学好这门课就显得很有必要.

本书根据教育部高等学校复变函数教学的基本要求,结合编者长期从事复变函数课程教学和研究的经验编写而成.在编写过程中,本书参考了许多优秀的复变函数教材,尤其是西安交通大学高等数学教研室编写的《复变函数》(该书曾获"全国优秀教材奖").本书吸取了该书的许多好的经验,也改进了该书的一些不足之处,使它成为更加适合工科专业的教学用书.

本书有以下特点.

(1)可读性　本书注意加强可读性,着重介绍复变函数的基本内容和基本方法,在省略较难证明的同时,简化较为繁杂的运算.按照电类等工科学生的专业背景设计其内容结构和写作特色,以适合工科学生的使用.

(2)针对性　本书注重加强针对性,力求语言简明、通俗易懂、叙述准确、条理清晰.书中例题比较多,对难懂的概念、定理、运算的方法都能通过大量的例题来加以证明,使之更加深入浅出.

(3)适用性　本书注意加强适用性.关于习题,在难度和题量方面都比较适中,将习题与内容、例题加以搭配,书末附有习题答案或解题提示,以方便教学.每章后均附有小结,多年教学实践证明,小结能帮助读者深刻理解该章内容.

由于编者水平有限,书中难免存在一些不妥之处,敬请读者批评指正.

编　者

2014年7月于广州大学城

目　录

第 1 章　复数与复变函数

复变函数就是自变量为复数的函数,它是本课程的研究对象.复数是复变函数的基础,本章主要介绍复数的概念、性质及运算.考虑到在中学阶段已学过有关复数方面的知识,这里将在原有的基础上作必要的复习和补充,然后再介绍复平面上区域及复变函数的极限与连续等知识,为下面研究解析函数理论打下良好的基础.

1.1　复数及其表示式

1.1.1　复数的概念

在解代数方程时,方程

$$x^2 + 1 = 0$$

在实数范围内无解.由于解方程等方面的需要,人们引入一个新数 i,记 $i = \sqrt{-1}$,称为**虚数单位**,并规定

$$i^2 = -1.$$

定义 1.1.1　对于任意两个实数 x, y,称 $z = x + iy$ 或 $z = x + yi$ 为**复数**,其中 x, y 分别称为复数 z 的**实部**和**虚部**,记为

$$x = \mathrm{Re}z, \quad y = \mathrm{Im}z,$$

符号"Re"是表示实部拉丁字 realis 的前两个字母,符号"Im"是表示虚部拉丁字 imaginarius 的前两个字母.

当 $x = 0, y \neq 0$ 时,$z = iy$ 称为**纯虚数**;当 $y = 0, x \neq 0$ 时,$z = x + 0i = x$,这时看成实数 x.因此复数是实数的推广.

定义 1.1.2　设有两个复数 $z_1 = x_1 + iy_1, z_2 = x_2 + iy_2$,若

$$x_1 = x_2, \quad y_1 = y_2, \tag{1.1}$$

则 $z_1 = z_2$.

关于两个复数之间的关系有一点需作说明:一般说来,两个复数之间不能比较大小.

1.1.2　复平面

上述 $z = x + iy$ 是复数的**代数表示式**,这里引入复数的几何表示式与向量表示式.

由复数相等的概念可以看出,一个复数 $z = x + iy$ 对应一对有序的实数

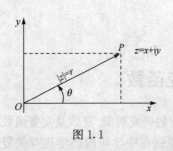

图 1.1

(x,y),而(x,y)与直角坐标平面上的点一一对应,于是复数就与平面上的点一一对应,因此可用坐标平面上的点来表示复数 $z=x+iy$(图 1.1).这就是**复数的几何表示式**.

定义 1.1.3　在复数的几何表示式里,实数与 x 轴上的点一一对应,x 轴称为**实轴**.纯虚数 iy 与 y 轴上的点一一对应,y 轴称为**虚轴**.在虚轴上只有一个点即原点对应着实轴上的数 0.因此可以认为原点对应着复数 $z=0+i0$,记为 $z=0$.

这样表示复数的平面称为**复数平面**(或 **Z 平面**),简称为**复平面**.

复数与平面上直角坐标系中的点建立了一一对应关系,因此为方便起见,以后不再区分"数 z"和"点 z".

如图 1.1 所示,复数 $z=x+iy$ 可以用向量 $\overrightarrow{OP}$ 来表示,此向量的起点在原点 $O(0,0)$、终点在点 $P(x,y)$,x 与 y 分别是向量 $\overrightarrow{OP}$ 在 x 轴与 y 轴上的投影.这样,复数与平面上的向量 $\overrightarrow{OP}$ 之间建立了一一对应关系,这就是复数的**向量表示式**.

定义 1.1.4　上述向量 $\overrightarrow{OP}$ 的长度称为复数 $z=x+iy$ 的**模**或**绝对值**,记为 $|z|$ 或 r,于是

$$|z|=r=\sqrt{x^2+y^2}. \tag{1.2}$$

显然有

$$|x|\leqslant|z|,\quad |y|\leqslant|z|,\quad |z|\leqslant|x|+|y|. \tag{1.3}$$

定义 1.1.5　当 $z\neq0$ 时,向量 $\overrightarrow{OP}$ 与 x 轴正向间的夹角 θ 称为复数的**辐角**,记为

$$\theta=\text{Arg}z.$$

这时有

$$\begin{cases} x=|z|\cos\theta,\ y=|z|\sin\theta, \\ \tan\theta=\dfrac{y}{x}. \end{cases} \tag{1.4}$$

复数的辐角在研究复变函数中是个很重要的概念,为此对于复数的辐角需作一些说明.

(1) 当 $z\neq0$ 时,复数的辐角不是唯一的,有无穷多个.若 θ_0 是复数 z 的辐角,则 $\theta_0+2k\pi$(k 为整数)也是复数的辐角.因此任何一个非零的复数都有无穷多个辐角,它们之间相差 2π 倍,即

$$\text{Arg}z=\theta_0+2k\pi\quad(k=0,\pm1,\pm2,\cdots). \tag{1.5}$$

满足 $-\pi<\theta_0\leqslant\pi$ 的辐角是唯一的,称为 $\text{Arg}z$ 的**主值**,记为

$$\theta_0=\text{arg}z,$$

于是有

$$\begin{cases} -\pi < \theta_0 \leqslant \pi, \\ \mathrm{Arg}z = \arg z + 2k\pi \quad (k = 0, \pm 1, \pm 2, \cdots). \end{cases} \tag{1.6}$$

复数辐角的主值在不同书中有不同的规定,这里规定 $\arg z$ 在 $(-\pi, \pi]$ 内.

(2) 当 $z \neq 0$ 时,复数辐角的主值可以由复数在复平面上所对应的点在哪个象限或坐标轴上来定,

$$\arg z = \begin{cases} \arctan \dfrac{y}{x}, & z \text{ 在第一、四象限}, \\[2mm] \pi + \arctan \dfrac{y}{x}, & z \text{ 在第二象限}, \\[2mm] -\pi + \arctan \dfrac{y}{x}, & z \text{ 在第三象限}, \\[2mm] \dfrac{\pi}{2}, & z \text{ 在正虚轴上}, \\[2mm] -\dfrac{\pi}{2}, & z \text{ 在负虚轴上}, \\[2mm] 0, & z \text{ 在正实轴上}, \\[2mm] \pi, & z \text{ 在负实轴上}, \end{cases} \tag{1.7}$$

其中 $-\dfrac{\pi}{2} < \arctan \dfrac{y}{x} < \dfrac{\pi}{2}$.

(3) 当 $z = 0$ 时,这时 $|z| = 0$,而辐角不确定.

例 1 求复数 $z = -1 + \sqrt{3}\mathrm{i}$ 的模与辐角.

解

$$|z| = \sqrt{x^2 + y^2} = \sqrt{(-1)^2 + (\sqrt{3})^2} = 2.$$

因为复数所对应的点在第二象限,所以

$$\arg z = \pi + \arctan \frac{y}{x} = \pi + \arctan \frac{\sqrt{3}}{-1}$$

$$= \pi - \arctan \sqrt{3} = \pi - \frac{\pi}{3} = \frac{2\pi}{3}.$$

1.1.3 复数的三角表示式与指数表示式

利用模 $|z| = r$ 及辐角 $\theta = \mathrm{Arg}z$,可表示复数 z 的实部 x 及虚部 y:

$$x = r\cos\theta, \quad y = r\sin\theta, \tag{1.8}$$

(1.8)式称为复数的**极坐标表示式**.

这样可将复数的代数式 $z = x + iy$ 表示为

$$z = r\cos\theta + ir\sin\theta = r[\cos\theta + i\sin\theta]$$
$$= |z|[\cos(\text{Arg}z) + i\sin(\text{Arg}z)], \tag{1.9}$$

(1.9)式称为复数的**三角表示式**.

利用欧拉公式

$$e^{i\theta} = \cos\theta + i\sin\theta, \tag{1.10}$$

三角表示式可表示为

$$z = re^{i\theta}, \tag{1.11}$$

(1.11)式称为复数的**指数表示式**.

说明　这里的 θ 应为 $\text{Arg}z$,为了书写方便,将 θ 写为 $\arg z$.

在高等数学里我们学习过欧拉公式,在(1.10)式中若令 $\theta = \pi$,得到

$$e^{i\pi} = -1,$$

即

$$e^{i\pi} + 1 = 0,$$

这是一个绝妙的等式,它把数学中最基本、最常用而且在数学发展史上令人瞩目的一些常数:$\pi, e, i, -1$ 或 $\pi, e, i, 1, 0$ 用一个简单的式子联系起来了,这是一个多么耐人寻味的联系,由此可见复数与复变函数在科学发展史上所产生的巨大威力!学习复变函数这门课的重要性已是不言而喻的事了.

例 2　将复数 $z = -1 + \sqrt{3}i$ 化为三角表示式和指数表示式.

解　利用例 1 求出复数的模与辐角得三角表示式为

$$z = 2\left(\cos\frac{2\pi}{3} + i\sin\frac{2\pi}{3}\right),$$

指数表示式为

$$z = 2e^{i\frac{2\pi}{3}}.$$

例 3　将复数 $z = 1 + \cos\theta + i\sin\theta (-\pi < \theta \leqslant \pi)$ 化为三角表示式.

解一　$|z| = r = \sqrt{(1+\cos\theta)^2 + (\sin\theta)^2} = \sqrt{2(1+\cos\theta)} = 2\sqrt{\cos^2\frac{\theta}{2}} = 2\cos\frac{\theta}{2}$,

因为复数所对应的点在第一、第四象限,所以

$$\arg z = \arctan\frac{\sin\theta}{1+\cos\theta} = \arctan\left(\tan\frac{\theta}{2}\right) = \frac{\theta}{2},$$

故

$$z = 2\cos\frac{\theta}{2}\left(\cos\frac{\theta}{2} + i\sin\frac{\theta}{2}\right) \quad (-\pi < \theta \leqslant \pi).$$

解二

$$z = 1 + \cos\theta + \mathrm{i}\,\sin\theta = 2\cos^2\frac{\theta}{2} + \mathrm{i}\cdot 2\sin\frac{\theta}{2}\cos\frac{\theta}{2}$$

$$= 2\cos\frac{\theta}{2}\left(\cos\frac{\theta}{2} + \mathrm{i}\,\sin\frac{\theta}{2}\right) \quad (-\pi < \theta \leqslant \pi).$$

1.1.4 复球面

除了用平面内的点或向量来表示复数外,还可以用球面上的点来表示复数.

取一个与复平面切于原点 $z=0$ 的球面,球面上的一点 S 与原点重合(图 1.2).通过 S 作垂直于复平面的直线与球面相交于另一点 N.我们称 N 为**北极**,S 为**南极**.

对于复平面内任何一点 z,如果用一直线段把点 z 与北极 N 连接起来,那么该直线一定与球面相交于异于 N 的一点 P.反过来,对于球面上任何一个异于 N 的点 P,用一直线段把 P 与 N 连接起来,这条直线段的延长线就与复平面相交于一点 z.这就表明:球面上的点,除去北极 N 外,与复平面内的点之间存在着一一对应的关系.前面已经讲过,复数可以看成复平面内的点,因此球面上的点,除去北极 N 外,与复数一一对应.所以我们就可以用球面上的点来表示复数.

但是,对于球面上的北极 N,还没有复平面内的一个点与它对应.从图 1.2 中容易看到,当 z 点无限地远离原点时,或者说,当复数 z 的模 $|z|$ 无限地变大时,点 P 就无限地接近于 N.为了使复平面与球面上的点无例外地都能一一对应起来,我们规定:

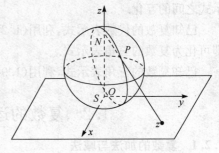

图 1.2

(1) 复平面上有一个唯一的"无穷远点",它与球面上的北极 N 相对应;

(2) 复数中有一个唯一的"无穷大"与复平面上的无穷远点相对应,并把它记作 ∞.因而球面上的北极 N 就是复数无穷大 ∞ 的几何表示.这样一来,球面上的每一个点,就有唯一的一个复数与它对应,这样的球面称为**复球面**.这种用复球面上的点来表示复数的方法,称为**复数的球面表示法**.

在这里把包括无穷远点在内的复平面称为**扩充复平面**.不包括无穷远点在内的复平面称为**有限平面**,或者称为**复平面**.对于复数 ∞,实部、虚部与辐角的概念均无意义,但它的模则规定为正无穷大,即 $|\infty| = +\infty$.对于其他每一个复数 z 则有 $|z| < +\infty$.

复球面能把扩充复平面的无穷远点明显地表示出来,这就是它比复平面优越的地方.

为了今后的需要,关于∞的四则运算作如下规定:

加法:$\alpha + \infty = \infty + \alpha = \infty (\alpha \neq \infty)$;

减法:$\alpha - \infty = \infty - \alpha = \infty (\alpha \neq \infty)$;

乘法:$\alpha \cdot \infty = \infty \cdot \alpha = \infty (\alpha \neq \infty)$;

除法:$\dfrac{\alpha}{\infty} = 0, \dfrac{\infty}{\alpha} = \infty (\alpha \neq \infty), \dfrac{\alpha}{0} = \infty (\alpha \neq 0,$ 但可为 $\infty)$.

至于其他运算:$\infty \pm \infty, 0 \cdot \infty, \dfrac{\infty}{\infty}$,我们不规定其意义. 像在实变函数中一样, $\dfrac{0}{0}$ 仍然不确定.

这里引进的扩充复平面与无穷远点,在后面的讨论中,能够带来一定的方便,但如无特殊声明,所谓"平面"一般仍指有限平面,所谓"点"仍指有限平面上的点.

1.1.5　复数的各种表示式之间的互化

在理论研究与实际应用中,可以根据不同的需要采用不同的复数表示式,要学会它们之间的互化. 在复数的各种表示式中,关键在于复数的代数表示式与三角表示式之间的互化.

已知复数的代数表示式,利用(1.2),(1.5),(1.7)式,先求出复数的模与辐角,即可化为复数的三角表示式.

已知复数的三角表示式,利用(1.9)式,可化为复数的代数表示式.

1.2　复数的运算及其几何意义

1.2.1　复数的加法与减法

定义 1.2.1　两个复数 $z_1 = x_1 + \mathrm{i}y_1, z_2 = x_2 + \mathrm{i}y_2$ 的加法与减法定义如下:

$$z_1 + z_2 = (x_1 + x_2) + \mathrm{i}(y_1 + y_2),$$
$$z_1 - z_2 = (x_1 - x_2) + \mathrm{i}(y_1 - y_2). \tag{1.12}$$

由这个定义可见,复数的加法与减法和相对应向量的加法与减法运算一致,即利用平行四边形法则(图 1.3)可以得到两个复数相加与相减的结果,这是复数加法与减法的几何意义.

由复数加法与减法的几何意义以及图 1.3 可见,显然有下列不等式

$$|z_1 + z_2| \leqslant |z_1| + |z_2| \quad (\text{三角不等式}),$$
$$|z_1 - z_2| \geqslant ||z_1| - |z_2||, \tag{1.13}$$

其中 $|z_1 - z_2|$ 表示点 z_1 与 z_2 之间的距离.

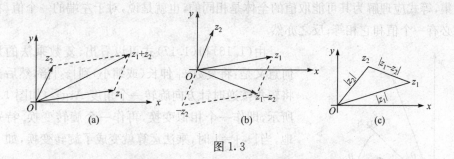

图 1.3

1.2.2 复数的乘法与除法

定义 1.2.2 两个复数 $z_1 = x_1 + iy_1, z_2 = x_2 + iy_2$ 的乘法与除法定义如下：

$$(x_1 + iy_1)(x_2 + iy_2)$$
$$= (x_1 x_2 - y_1 y_2) + i(x_1 y_2 + x_2 y_1), \tag{1.14}$$

$$\frac{x_1 + iy_1}{x_2 + iy_2} = \frac{x_1 x_2 + y_1 y_2}{x_2^2 + y_2^2} + i \frac{x_2 y_1 - x_1 y_2}{x_2^2 + y_2^2} \quad (z_2 \neq 0). \tag{1.15}$$

不难证明,与实数情况一样,复数的运算满足交换律、结合律与分配律：

$$z_1 + z_2 = z_2 + z_1, \quad z_1 z_2 = z_2 z_1,$$
$$(z_1 + z_2) + z_3 = z_1 + (z_2 + z_3), \quad (z_1 z_2) z_3 = z_1 (z_2 z_3),$$
$$z_1 (z_2 + z_3) = z_1 z_2 + z_1 z_3.$$

下面利用复数的三角表示式来讨论复数的乘法与除法.

设

$$z_1 = r_1 (\cos\theta_1 + i \sin\theta_1), \quad z_2 = r_2 (\cos\theta_2 + i \sin\theta_2),$$

由复数乘法的定义得

$$z_1 z_2 = r_1 (\cos\theta_1 + i \sin\theta_1) \cdot r_2 (\cos\theta_2 + i \sin\theta_2)$$
$$= r_1 r_2 [(\cos\theta_1 \cos\theta_2 - \sin\theta_1 \sin\theta_2) + i(\cos\theta_1 \sin\theta_2 + \cos\theta_2 \sin\theta_1)]$$
$$= r_1 r_2 [\cos(\theta_1 + \theta_2) + i \sin(\theta_1 + \theta_2)],$$

于是得

$$|z_1 z_2| = r_1 r_2 = |z_1| |z_2|, \tag{1.16}$$
$$\mathrm{Arg}(z_1 z_2) = \mathrm{Arg} z_1 + \mathrm{Arg} z_2. \tag{1.17}$$

从而有下面的定理 1.2.1.

定理 1.2.1 两个复数乘积的模等于它们的模之乘积,两个复数乘积的辐角等于它们的辐角之和.

值得注意的是,由于辐角的多值性,等式(1.17)两端都是由无穷多个数构成的数集,等式应理解为其可能取值的全体是相同的,也就是说,对于左端的一个值,右端必有一个值和它相等;反之亦然.

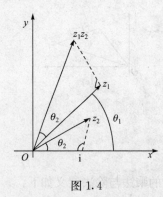

图 1.4

由(1.16)和(1.17)式可以看出,复数乘法的几何意义是:将复数 z_1 伸长(或缩小)到 $|z_2|$ 倍,然后再将辐角按逆时针方向旋转一个角度 $\text{Arg}z_2$,如图 1.4 所示,即作一个相似变换,再作一个旋转变换.特别地,当 $|z_2|=1$ 时,乘法运算就变成了旋转变换,如 $\mathrm{i}z$ 相当于将 z 按逆时针方向旋转 $\dfrac{\pi}{2}$.又当 $\text{arg}z_2=0$ 时,乘法运算就变成了相似变换,如 $5z$ 相当于将 z 伸长到 5 倍.

如果用指数表示式表示复数

$$z_1 = r_1 \mathrm{e}^{\mathrm{i}\theta_1}, \quad z_2 = r_2 \mathrm{e}^{\mathrm{i}\theta_2},$$

那么定理 1.2.1 可简明地表示为

$$z_1 z_2 = r_1 r_2 \mathrm{e}^{\mathrm{i}(\theta_1+\theta_2)}. \tag{1.18}$$

若

$$z_k = r_k \mathrm{e}^{\mathrm{i}\theta_k} = r_k(\cos\theta_k + \mathrm{i}\sin\theta_k) \quad (k=1,2,\cdots,n),$$

则

$$\begin{aligned}
z_1 z_2 \cdots z_n &= r_1 r_2 \cdots r_n \mathrm{e}^{\mathrm{i}(\theta_1+\theta_2+\cdots+\theta_n)} \\
&= r_1 r_2 \cdots r_n [\cos(\theta_1+\theta_2+\cdots+\theta_n) + \mathrm{i}\sin(\theta_1+\theta_2+\cdots+\theta_n)].
\end{aligned} \tag{1.19}$$

例 4　利用 $(5-\mathrm{i})^4(1+\mathrm{i})$ 证明 Machin 公式

$$4\arctan\frac{1}{5} - \arctan\frac{1}{239} = \frac{\pi}{4}.$$

证　因为

$$(5-\mathrm{i})^4(1+\mathrm{i}) = (476-480\mathrm{i})(1+\mathrm{i}) = 4(239-\mathrm{i}),$$

所以

$$\arg(5-\mathrm{i})^4 + \arg(1+\mathrm{i}) = \arg 4(239-\mathrm{i}),$$

而

$$\arg(5-\mathrm{i}) = -\arctan\frac{1}{5}, \quad \arg(5-\mathrm{i})^4 = -4\arctan\frac{1}{5},$$

$$\arg(1+\mathrm{i}) = \frac{\pi}{4}, \quad \arg 4(239-\mathrm{i}) = -\arctan\frac{1}{239},$$

则有

$$-4\arctan\frac{1}{5}+\frac{\pi}{4}=-\arctan\frac{1}{239},$$

即

$$4\arctan\frac{1}{5}-\arctan\frac{1}{239}=\frac{\pi}{4}.$$

说明 利用复数的模与辐角及其运算还可以证明很多有趣的结果.

设 $z_1=r_1(\cos\theta_1+\mathrm{i}\sin\theta_1),z_2=r_2(\cos\theta_2+\mathrm{i}\sin\theta_2)$,则由复数除法的定义得

$$\frac{z_1}{z_2}=\frac{r_1}{r_2}[(\cos\theta_1\cos\theta_2+\sin\theta_1\sin\theta_2)+\mathrm{i}(\cos\theta_2\sin\theta_1-\cos\theta_1\sin\theta_2)]$$

$$=\frac{r_1}{r_2}[(\cos(\theta_1-\theta_2)+\mathrm{i}\sin(\theta_1-\theta_2)],$$

则有

$$\left|\frac{z_1}{z_2}\right|=\frac{r_1}{r_2},\tag{1.20}$$

$$\mathrm{Arg}\frac{z_1}{z_2}=\mathrm{Arg}z_1-\mathrm{Arg}z_2.\tag{1.21}$$

于是有下面的定理 1.2.2.

定理 1.2.2 两个复数之商的模等于它们的模之商;两个复数之商的辐角等于被除数与除数的辐角之差.

值得注意的是,(1.21)与(1.17)式有相类似的理解.

由(1.20)和(1.21)式可以看出,复数 z_1 除以复数 z_2 的几何意义是:将复数 z_1 的模除以 $|z_2|$,然后再将其辐角按顺时针方向旋转一个角度 $\mathrm{Arg}z_2$,即作一个相似变换,再作一个旋转变换.

如果用指数表示式表示复数

$$z_1=r_1\mathrm{e}^{\mathrm{i}\theta_1},\quad z_2=r_2\mathrm{e}^{\mathrm{i}\theta_2},$$

那么定理 1.2.2 可简明地表示为

$$\frac{z_1}{z_2}=\frac{r_1}{r_2}\mathrm{e}^{\mathrm{i}(\theta_1-\theta_2)}.\tag{1.22}$$

1.2.3 复数的乘幂与方根

定义 1.2.3 n 个相同的复数 z 的乘积称为 z 的 n **次幂**,记为 z^n,即

$$z^n=z\cdot z\cdot\cdots\cdot z.$$

在(1.19)式中,令 $z_1=z_2=\cdots=z_n=z=r(\cos\theta+\mathrm{i}\sin\theta)$,则

$$z^n=r^n(\cos n\theta+\mathrm{i}\sin n\theta).\tag{1.23}$$

如果定义 $z^{-n}=\dfrac{1}{z^n}$（n 为正整数），那么当 n 为负整数时，上式也成立．

　　特别地，当 $|z|=r=1$ 时，即 $z=\cos\theta+\mathrm{i}\sin\theta$，由（1.23）式有

$$(\cos\theta+\mathrm{i}\sin\theta)^n=\cos n\theta+\mathrm{i}\sin n\theta,\qquad(1.24)$$

这就是棣莫弗（De Moivre，1667～1754）公式.

　　例 5　试用 $\sin\theta$ 和 $\cos\theta$ 表示 $\cos3\theta$ 和 $\sin3\theta$．

　　解　由棣莫弗公式得

$$
\begin{aligned}
\cos3\theta+\mathrm{i}\sin3\theta&=(\cos\theta+\mathrm{i}\sin\theta)^3\\
&=\cos^3\theta+3\cos^2\theta\cdot\mathrm{i}\sin\theta+3\cos\theta\cdot\mathrm{i}^2\sin^2\theta+\mathrm{i}^3\sin^3\theta\\
&=(\cos^3\theta-3\cos\theta\sin^2\theta)+\mathrm{i}(3\cos^2\theta\sin\theta-\sin^3\theta),
\end{aligned}
$$

于是有

$$\cos3\theta=\cos^3\theta-3\cos\theta\sin^2\theta=4\cos^3\theta-3\cos\theta,$$

$$\sin3\theta=3\cos^2\theta\sin\theta-\sin^3\theta=3\sin\theta-4\sin^3\theta.$$

　　说明　用棣莫弗公式还可以得到许多类似的结果.

　　定义 1.2.4　设有复数 w 和 z，若 $w^n=z$（n 为整数），称复数 w 为 z 的 n **次方根**，记为

$$w=\sqrt[n]{z}.$$

　　若令 $z=r(\cos\theta+\mathrm{i}\sin\theta)$，$w=\rho(\cos\varphi+\mathrm{i}\sin\varphi)$，则由（1.23）式和复数相等的概念，可得

$$\rho^n=r,\quad\cos n\varphi=\cos\theta,\quad\sin n\varphi=\sin\theta,$$

即

$$
\begin{cases}
\rho^n=r,\\
n\varphi=\theta+2k\pi\quad(k=0,\pm1,\pm2,\cdots),
\end{cases}
$$

于是

$$
\begin{cases}
\rho=\sqrt[n]{r},\\
\varphi=\dfrac{\theta+2k\pi}{n}\quad(k=0,\pm1,\pm2,\cdots),
\end{cases}
$$

其中 $\sqrt[n]{r}=r^{\frac{1}{n}}$ 是算术根，所以

$$w=\sqrt[n]{z}=r^{\frac{1}{n}}\left(\cos\frac{\theta+2k\pi}{n}+\mathrm{i}\sin\frac{\theta+2k\pi}{n}\right)\quad(k=0,\pm1,\pm2,\cdots),\qquad(1.25)$$

当 $k=0,1,2,\cdots,n-1$ 时，得到 n 个相异的根：

$$w_0=r^{\frac{1}{n}}\left(\cos\frac{\theta}{n}+\mathrm{i}\sin\frac{\theta}{n}\right),$$

$$w_1=r^{\frac{1}{n}}\left(\cos\frac{\theta+2\pi}{n}+\mathrm{i}\sin\frac{\theta+2\pi}{n}\right),$$

·············

$$w_{n-1} = r^{\frac{1}{n}}\left[\cos\frac{\theta+2(n-1)\pi}{n} + i\sin\frac{\theta+2(n-1)\pi}{n}\right].$$

当 k 以其他整数代入时,这些根又重复出现.

由于复数 $\sqrt[n]{z}$ 的 n 个不同的值都具有相同的模 $r^{\frac{1}{n}} = |z|^{\frac{1}{n}}$,且对应相邻两个 k 值的方根的辐角均相差 $\dfrac{2\pi}{n}$,所以复数方根的几何意义是:对应于 $\sqrt[n]{z}$ 的 n 个点就是以原点为中心,以 $|z|^{\frac{1}{n}}$ 为半径的圆内接正 n 边形的 n 个顶点.

例6 求 $\sqrt[4]{1+i} = (1+i)^{\frac{1}{4}}$.

解 由 $1+i = \sqrt{2}\left(\cos\dfrac{\pi}{4} + i\sin\dfrac{\pi}{4}\right)$ 得

$$\sqrt[4]{1+i} = \sqrt[8]{2}\left(\cos\frac{\frac{\pi}{4}+2k\pi}{4} + i\sin\frac{\frac{\pi}{4}+2k\pi}{4}\right) \quad (k=0,1,2,3),$$

即

$$w_0 = \sqrt[8]{2}\left(\cos\frac{\pi}{16} + i\sin\frac{\pi}{16}\right),$$

$$w_1 = \sqrt[8]{2}\left(\cos\frac{9\pi}{16} + i\sin\frac{9\pi}{16}\right),$$

$$w_2 = \sqrt[8]{2}\left(\cos\frac{17\pi}{16} + i\sin\frac{17\pi}{16}\right),$$

$$w_3 = \sqrt[8]{2}\left(\cos\frac{25\pi}{16} + i\sin\frac{25\pi}{16}\right),$$

这四个根内接于中心在原点、半径为 $\sqrt[8]{2}$ 的圆内正方形的四个顶点(图 1.5).

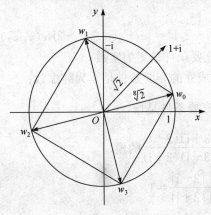

图 1.5

1.2.4　共轭复数及其运算

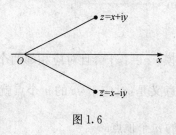

图 1.6

定义 1.2.5　复数 $x-iy$ 称为 $z=x+iy$ 的**共轭复数**，记为 $\overline{z}$，即 $\overline{z}=x-iy$.

$\overline{z}$ 与 z 是关于实轴为对称的(图 1.6).

由上述定义显然有以下结论：

(1) $|\overline{z}|=|z|$；

(2) $\arg\overline{z}=-\arg z$（z 不在负实轴和原点上）；

(3) $\overline{\overline{z}}=z$；

(4) $x=\dfrac{z+\overline{z}}{2},y=\dfrac{z-\overline{z}}{2i}$.

共轭复数的运算有如下性质：

(1) $z\overline{z}=|z|^2$；

(2) $\overline{(z_1\pm z_2)}=\overline{z_1}\pm\overline{z_2}$；

(3) $\overline{(z_1 z_2)}=\overline{z_1}\,\overline{z_2}$；

(4) $\overline{\left(\dfrac{z_1}{z_2}\right)}=\dfrac{\overline{z_1}}{\overline{z_2}}\quad(z_2\neq0)$；

(5) $|z_1\pm z_2|^2=|z_1|^2+|z_2|^2\pm2\mathrm{Re}(z_1\overline{z_2})$；

事实上

$$
\begin{aligned}
|z_1+z_2|^2 &=(z_1+z_2)\overline{(z_1+z_2)}=(z_1+z_2)(\overline{z_1}+\overline{z_2})\\
&=z_1\overline{z_1}+z_1\overline{z_2}+\overline{z_1}z_2+z_2\overline{z_2}\\
&=|z_1|^2+|z_2|^2+z_1\overline{z_2}+\overline{z_1\overline{z_2}}\\
&=|z_1|^2+|z_2|^2+2\mathrm{Re}(z_1\overline{z_2}).
\end{aligned}
\tag{1.26}
$$

同理可证

$$|z_1-z_2|^2=|z_1|^2+|z_2|^2-2\mathrm{Re}(z_1\overline{z_2}).$$

(6) $\overline{z}=z$ 成立的充要条件是 z 为实数；

(7) $z\neq0,\overline{z}=-z$ 成立的充要条件是 z 为纯虚数；

(8) $\overline{z}=\dfrac{1}{z}$ 成立的充要条件是 $|z|=1$.

例 7　求复数 $z=\dfrac{(3+i)(2-i)}{(3-i)(2+i)}$ 的模.

解一　$|z|=\dfrac{|3+i|\,|2-i|}{|3-i|\,|2+i|}=1.$

解二　因为

$$|z|^2 = z\overline{z} = \frac{(3+i)(2-i)}{(3-i)(2+i)} \cdot \frac{(3-i)(2+i)}{(3+i)(2-i)} = 1,$$

所以

$$|z| = 1.$$

1.2.5 曲线的复数方程

这里研究两个问题.

(1) 已知平面上的曲线方程

$$F(x,y) = 0 \quad 或 \quad \begin{cases} x = x(t), \\ y = y(t), \end{cases}$$

如何用复数形式的方程来表示?

(2) 已知曲线方程的复数形式,如何确定所表示的平面曲线?

有关上述两个问题,用箭头式简述如下:

曲线的直角坐标 $\xrightarrow{\text{令} z=x+iy, \overline{z}=x-iy}$ 曲线的复数

方程 $F(x,y)=0$ $\xleftarrow{\text{令} x=\frac{z+\overline{z}}{2}, y=\frac{z-\overline{z}}{2i}}$ 方程 $G(z,\overline{z})=0$;

曲线的参数坐标方程 $\begin{cases} x=x(t) \\ y=y(t) \end{cases} \rightleftharpoons$ 曲线方程的复数 表示式 $z(t)=x(t)+iy(t)$.

例 8 (1) 将直线方程 $8x+y=3$ 化为复数形式.

(2) 将椭圆方程 $\begin{cases} x=a\cos t, \\ y=b\sin t \end{cases}$ 化为复数形式.

解 (1) 用 $x=\dfrac{z+\overline{z}}{2}, y=\dfrac{z-\overline{z}}{2i}$ 代入得

$$8\left(\frac{z+\overline{z}}{2}\right) + \frac{z-\overline{z}}{2i} = 3,$$

即

$$(8i+1)z + (8i-1)\overline{z} = 6i.$$

(2) 椭圆方程的复数形式为

$$z(t) = a\cos t + i \cdot b\sin t.$$

例 9 指出下列各题中点 z 的轨迹(即所表示的曲线).

(1) $|z-z_0| = R$;　　　　　　　(2) $|z-2i| = |z+2|$;

(3) $|z-2i| + |z+2i| = 8$;　　　　(4) $\arg(z-i) = \dfrac{\pi}{4}$.

解 (1) 复数方程 $|z-z_0| = R$ 在几何上表示所有与点 z_0 距离为 R 的点的轨迹,即表示圆心在点 (x_0, y_0)(设 $z_0 = x_0 + iy_0$)、半径为 R 的圆周.

用 $z=x+\mathrm{i}y$ 代入得

$$|(x+\mathrm{i}y)-(x_0+\mathrm{i}y_0)|=R,$$

即

$$\sqrt{(x-x_0)^2+(y-y_0)^2}=R,$$

$$(x-x_0)^2+(y-y_0)^2=R^2.$$

(2) $|z-2\mathrm{i}|=|z+2|$ 在几何上表示与点 $A(0,2),B(-2,0)$ 之距离相等的点的轨迹,此轨迹为点 A,B 的垂直平分线.

用 $z=x+\mathrm{i}y$ 代入得

$$\sqrt{x^2+(y-2)^2}=\sqrt{(x+2)^2+y^2},$$

即

$$y=-x.$$

(3) $|z-2\mathrm{i}|+|z+2\mathrm{i}|=8$ 在几何上表示与点 $A(0,2),B(0,-2)$ 之距离的和等于 8 的轨迹,此轨迹是个椭圆,其点 A,B 为椭圆的焦点,这时半焦距 $c=2$,长半轴 $a=4$,则短半轴 $b=\sqrt{a^2-c^2}=\sqrt{4^2-2^2}=\sqrt{12}$,椭圆的直角坐标方程为

$$\frac{x^2}{12}+\frac{y^2}{16}=1,$$

或用 $z=x+\mathrm{i}y$ 代入得

$$|x+\mathrm{i}y-2\mathrm{i}|+|x+\mathrm{i}y+2\mathrm{i}|=8,$$

即

$$\sqrt{x^2+(y-2)^2}+\sqrt{x^2+(y+2)^2}=8,$$

经化简得

$$\frac{x^2}{12}+\frac{y^2}{16}=1.$$

(4) 令 $z=x+\mathrm{i}y$,则 $z-\mathrm{i}=x+\mathrm{i}(y-1)$,

$$\arg(z-\mathrm{i})=\arctan\frac{y-1}{x}=\frac{\pi}{4},$$

即

$$y-1=\left(\tan\frac{\pi}{4}\right)x=x,$$

$$y=x+1\quad(x>0),$$

$\arg(z-\mathrm{i})$ 在几何上表示与点 i 的连线和 x 轴正向间夹角为 $\frac{\pi}{4}$ 的点 z 的轨迹,此轨迹表示了以 i 为起点、与 x 轴正向成 $\frac{\pi}{4}$ 的射线.

说明 由上面几例可见用复数表示式(即用复数方程)表示平面上曲线有其简洁性等优点.这里介绍几个用复数表示式表示一些常见的平面曲线方程.

(1) 线段 Z_1Z_2(端点对应复数 z_1,z_2)的中垂线方程为

$$|z-z_1|=|z-z_2|.$$

(2) 圆心为 Z_0(对应复数为 z_0)、半径为 R 的圆周方程为

$$|z-z_0|=R.$$

(3) 椭圆的标准方程为

$$|z+c|+|z-c|=2a,$$

或

$$|z+ci|+|z-ci|=2a.$$

(4) 双曲线的标准方程为

$$|z+c|-|z-c|=\pm 2a,$$

或

$$|z+ci|-|z-ci|=\pm 2a.$$

1.3 平面点集与区域

1.3.1 点集概念

今后,我们所研究的变量都是复数,因此称为**复变量**.类似于实数,每一个复变量都有它自己变化的范围.常见的变化范围主要有点集与区域.

定义 1.3.1 由复平面上有限个或无限个点组成的集合称为**点集**.

定义 1.3.2 在平面上以 z_0 为中心、任意正数 δ 为半径的圆内部点集,称为点 z_0 的 δ 邻域,简称为邻域.

点 z_0 的 δ 邻域可表示为

$$|z-z_0|<\delta, \tag{1.27}$$

称由不等式 $0<|z-z_0|<\delta$ 所确定的点集为 z_0 的**去心邻域**.

定义 1.3.3 设 E 为一点集,z_0 为一点,若点 z_0 的某一邻域内的点都属于 E,称点 z_0 为 E 的**内点**.若点 z_1 的某一邻域内的点都不属于 E,称点 z_1 为 E 的**外点**.若点 z_2 的任意一个邻域内,既有属于 E 的点,也有不属于 E 的点,称点 z_2 为 E 的**边界点**.点集 E 的所有边界点组成 E 的**边界**(图 1.7).区域的边界可能是由几条曲线和一些孤立的点所组成(图 1.8).

定义 1.3.4 若点集 E 能完全包含在以原点为圆心、以某一个正数 R 为半径圆域的内部,称 E 为**有界点集**,否则称为**无界点集**.

例 10 若点集 E 为复平面,则平面上每一点都是 E 的内点.若点集 E 只包含点 z_0,则平面上除 z_0 以外,每一点都是 E 的外点,而点 z_0 本身是 E 的边界点.

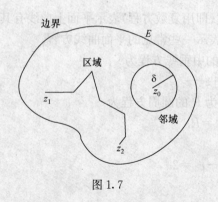

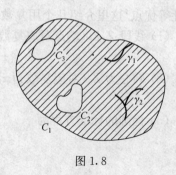

图 1.7   图 1.8

1.3.2　区域

定义 1.3.5　设 E 为一平面点集,若 E 内每个点都是它的内点,称 E 为**开集**. 若 E 内任意两点 z_1, z_2,都可以用完全属于 E 的一条折线连接起来,称 E 为**连通集** (图 1.7).

定义 1.3.6　若平面点集 E 满足下列两个条件:

(1) E 是一个开集;

(2) E 是一个连通集,

则称点集 E 为**区域**.

若区域不包括边界点,一般称为**开区域**,简称为**开域**. 由区域 E 及边界所构成的点集称为**闭区域**,简称为**闭域**,记为 $\overline{E}$.

定义 1.3.7　若区域 E 可以包含在某个以原点为中心、以某个正数 R 为半径的圆内,称 E 为**有界区域**,否则称为**无界区域**.

例 11　由区域 $|z-1|<1$ 和 $|z+1|<1$ 所组成的点集 $E=\{z\,|\,|z-1|<1$ 或 $|z+1|<1\}$ 是一个开集,但不是区域,这因为在圆周 $|z+1|=1$ 内任取一点 z_1, 在圆周 $|z-1|=1$ 内任取一点 z_2,则无法用一条完全属于 E 的折线连接这两点 (图 1.9).

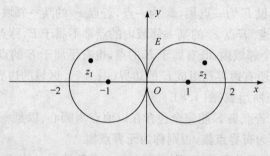

图 1.9

1.3.3　简单闭曲线

定义 1.3.8　若 $x(t)$ 和 $y(t)$ 是两个连续的实函数,则方程组

$$\begin{cases} x = x(t), \\ y = y(t) \end{cases} \quad (a \leqslant t \leqslant b)$$

代表一条平面曲线,称为**连续曲线**.

若 $x'(t)$ 和 $y'(t)$ 都是连续的,且对于 t 的每一个值,有

$$[x'(t)]^2 + [y'(t)]^2 \neq 0,$$

称此曲线为**光滑曲线**.

由几段依次相接的光滑曲线所组成的曲线称为**分段光滑曲线**.

定义 1.3.9　设 $C: z = z(t)(a \leqslant t \leqslant b)$ 为一条连续曲线,$z(a)$ 与 $z(b)$ 分别称为 C 的**起点**与**终点**. 对于满足 $a < t_1 < b, a \leqslant t_2 \leqslant b$ 的 t_1 与 t_2,当 $t_1 \neq t_2$ 时有 $z(t_1) = z(t_2)$,称点 $z(t_1)$ 为曲线 C 的**重点**.

没有重点的连续曲线 C 称为**简单曲线**或**若尔当**(Jordan,1838~1922)**曲线**.

若简单曲线 C 的起点与终点重合,即 $z(a) = z(b)$,则曲线 C 称为**简单闭曲线** (图 1.10(a)). 由此可知,简单曲线自身不会相交. 图 1.10(c),(d)都不是简单曲线.

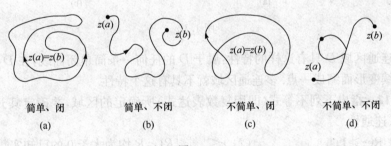

| 简单、闭 | 简单、不闭 | 不简单、闭 | 不简单、不闭 |
| (a) | (b) | (c) | (d) |

图 1.10

例如,曲线 $z = e^{it}(0 \leqslant t \leqslant 2\pi)$ 是一条简单闭曲线.

定义 1.3.10　以一条简单闭曲线 C 为公共边界,把平面分成两个区域,一个是有界的,称为 C 的**内部**;另一个是无界的,称为 C 的**外部**.

定义 1.3.11　沿一条简单闭曲线 C 有正、负两方向,若沿 C 前进一圈时,C 的内部始终在 C 的左方,则这个前进方向称为**正方向**,反之称为**负方向**(图 1.11).

1.3.4　连通区域

定义 1.3.12　设 D 为一区域,若属于 D 的任何简单闭曲线的内部仍属于 D,称 D 为**单连通区域**(图 1.12(a)),非单连通区域称为**多连通区域**(图 1.12(b)).

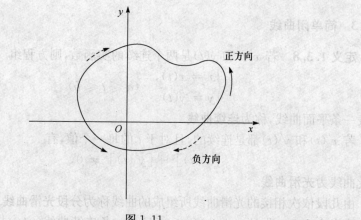

图 1.11

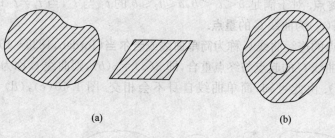

(a)   (b)

图 1.12

单连通区域 D 具有这样的特性:属于 D 的任何一条简单闭曲线,在 D 内可以经过连续变形而缩成一点.多连通区域就不具有这个特性.

例 12　指出下列不等式(即用复数表达式)所确定的区域,并确定其开闭性、有界性、连通性.

(1) $\mathrm{Re}z>1$;　　　　　　　(2) $r\leqslant|z|\leqslant R$(r,R 均为大于 0 的已知实数);

(3) $\left|\dfrac{z-\mathrm{i}}{z+\mathrm{i}}\right|\leqslant 2$;　　　　(4) $\cos\theta<r<2\cos\theta\left(-\dfrac{\pi}{2}<\theta<\dfrac{\pi}{2}\right)$.

解　(1) $\mathrm{Re}z>1$,即 $x>1$,在复平面上表示 $x>1$ 的右半平面区域,它为无界、单连通、开区域.

(2) $r\leqslant|z|\leqslant R$,这是个圆环域,其圆心在坐标原点,内外半径分别是 r,R,它为有界、多连通、闭区域.

(3) 由题设得 $|z-\mathrm{i}|\leqslant 2|z+\mathrm{i}|$,令 $z=x+\mathrm{i}y$,代入化简得

$$x^2+\left(y+\frac{5}{3}\right)^2\geqslant\left(\frac{4}{3}\right)^2,$$

这是个圆心在点 $\left(0,-\dfrac{5}{3}\right)$,半径为 $\dfrac{4}{3}$ 的圆外部区域,它为无界、多连通、闭区域.

(4) 由 $z=r(\cos\theta+\mathrm{i}\sin\theta)$ 得 $\cos\theta=\dfrac{x}{r}=\dfrac{x}{\sqrt{x^2+y^2}}$，利用题设有

$$\frac{x}{\sqrt{x^2+y^2}}<\sqrt{x^2+y^2}<\frac{2x}{\sqrt{x^2+y^2}},$$

$$x<x^2+y^2<2x,$$

即

$$\begin{cases}(x-1)^2+y^2<1,\\ \left(x-\dfrac{1}{2}\right)^2+y^2>\dfrac{1}{4},\end{cases}$$

所求的区域是图 1.13 中的阴影部分，它为有界、单连通、开区域.

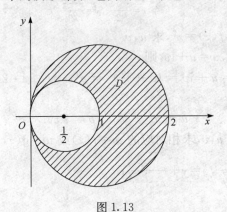

图 1.13

1.4 复变函数

1.4.1 复变函数的定义

定义 1.4.1 设在复平面上有一点集 D. 若对于 D 内每一点 z，按照某一法则，有确定的复数 w 与之对应，则称 w 是 z 的**复变函数**，记为 $w=f(z)$. z 称为**自变量**.

若 z 的一个值对应 w 的一个值，则称 $f(z)$ 为**单值函数**；若 z 的一个值对应 w 的几个或无穷多个值，则称 $f(z)$ 为**多值函数**.

点集 D 称为 $f(z)$ 的**定义集合**，对应于 D 中所有 z 的一切 w 值所组成点集 G，称为**函数值集合**.

在以后讨论中，定义集合 D、函数值集合 G 常常是一个平面区域，故 D 称为**定义域**，G 称为**值域**. 并且如无特别声明，所讨论的函数为单值函数.

对于复数有两种方法去研究，既可以直接去研究，也可以根据 $z=x+\mathrm{i}y$ 化为

两个实数 x,y 去研究. 同样对于复变函数也有类似的两种方法, 既可以直接利用 $w=f(z)$ 去研究, 也可以通过 $z=x+iy$ 化为两个实变函数 $u(x,y)$ 和 $v(x,y)$ 去研究 $w=u(x,y)+iv(x,y)$, 用箭头式简述如下:

$$w=f(z) \xrightarrow{\ \ 令 z=x+iy\ \ } w=u(x,y)+iv(x,y).$$

反之, 任意给定两个二元函数 $u(x,y)$ 和 $v(x,y)$, $w=u(x,y)+iv(x,y)$ 通过 $x=\dfrac{z+\bar{z}}{2}, y=\dfrac{z-\bar{z}}{2i}$ 经适当的重新组合, 有的能化为仅依赖于 z 的形式 $w=f(z)$, 有的不一定能化为仅依赖于 z 的形式, 而是化为 $z,\bar{z}$ 的形式 $w=g(z,\bar{z})$, 用箭头式简述如下:

$$w=f(z) 或 w=g(z,\bar{z}) \xleftarrow[令\ x=\frac{z+\bar{z}}{2}, y=\frac{z-\bar{z}}{2i}]{} w=u(x,y)+iv(x,y).$$

例 13 已知 $w=f(z)=z^2$, 求 u,v.

解 令 $z=x+iy, w=u+iv$, 则
$$w=u+iv=(x+iy)^2=x^2-y^2+i\cdot 2xy,$$
故
$$u=x^2-y^2, \quad v=2xy.$$

例 14 已知下列 u,v, 求相对应的 $w=f(z)$ 或 $w=g(z,\bar{z})$.

(1) $u=x+\dfrac{x}{x^2+y^2}, v=y+\dfrac{-y}{x^2+y^2}$;

(2) $u=3x, v=y$.

解 (1) $f(z)=u+iv=x+iy+\dfrac{x-iy}{x^2+y^2}=z+\dfrac{\bar{z}}{z\bar{z}}=z+\dfrac{1}{z}$, 或

$$f(z)=u+iv=x+\frac{x}{x^2+y^2}+i\left(y+\frac{-y}{x^2+y^2}\right)$$

$$=\left[\frac{z+\bar{z}}{2}+\frac{\dfrac{z+\bar{z}}{2}}{\left(\dfrac{z+\bar{z}}{2}\right)^2+\left(\dfrac{z-\bar{z}}{2i}\right)^2}\right]$$

$$+i\left[\frac{z-\bar{z}}{2i}+\frac{-\dfrac{z-\bar{z}}{2i}}{\left(\dfrac{z+\bar{z}}{2}\right)^2+\left(\dfrac{z-\bar{z}}{2i}\right)^2}\right]$$

$$=z+\frac{\bar{z}}{z\bar{z}}=z+\frac{1}{z}.$$

(2) $w=u+iv=3x+iy=3\cdot\dfrac{z+\bar{z}}{2}+i\dfrac{z-\bar{z}}{2i}=2z+\bar{z}.$

说明 由上述例题可见,已知u,v,有的能化为仅依赖于z的形式$w=f(z)$,如上面(1);有的则不能化为仅依赖于z的形式,而是$w=g(z,\overline{z})$的形式,如上面(2).下面将研究能化为仅依赖于z的形式,这正是所要研究的解析函数.

1.4.2 映射的概念

在数学里常采用数与形相结合的方式研究一些概念与性质,如在高等数学中常把实变函数用几何图形表示,这些几何图形可以直观地帮助理解和研究函数的性质.对于复变函数,由于它反映了两对变量u,v和x,y之间的对应关系,所以不能用同一个平面内的几何图形来表示,而是把它看成两个复平面上点集的对应关系.

具体地,若用Z平面上的点表示自变量z的值,用另一个平面(即W平面)上的点表示函数w的值,则函数$w=f(z)$在几何上看成把Z平面上一个点集D(定义集合)变到W平面上的一个点集G(函数值集合)的**映射**(或**变换**),简单地说为由函数$w=f(z)$所构成的映射(图1.14).

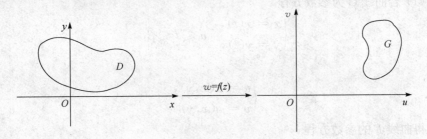

图 1.14

若点集D的点z被映射$w=f(z)$映射成G中的点w,称w为z的**像**,称z为w的**原像**.

有了映射的概念,可以使所研究的问题更加几何化、直观化.

例 15 在映射$w=z^2$下,

(1) 求点$z_1=\mathrm{i}$,$z_2=1+2\mathrm{i}$,$z_3=-1$在W平面上的像;

(2) 角形域$0<\arg z<\dfrac{\pi}{6}$映射成什么?

解 (1)

$$w_1 = z_1^2 = \mathrm{i}^2 = -1;$$
$$w_2 = z_2^2 = (1+2\mathrm{i})^2 = -3+4\mathrm{i};$$
$$w_3 = z_3^2 = (-1)^2 = 1.$$

见图 1.15.

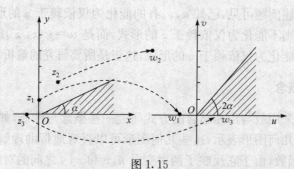

图 1.15

(2) 由模与辐角定理可知,在映射 $w=z^2$ 下,z 的辐角增大为原来的两倍,因此角形域 $0<\arg z<\dfrac{\pi}{6}$ 映射成角形域 $0<\arg w<\dfrac{\pi}{3}$(图 1.15).

在映射 $w=f(z)$ 下,Z 平面上的曲线 C 映射成 W 平面上的曲线 Γ,如何由 C 的方程求出 Γ 的方程呢?

(1) 若曲线 C 为参数方程

$$\begin{cases} x=x(t), \\ y=y(t), \end{cases} \quad \alpha \leqslant t \leqslant \beta,$$

则由

$$\begin{cases} u=u(x,y), \\ v=v(x,y) \end{cases}$$

即可得曲线 Γ 的参数方程

$$\begin{cases} u=u[x(t),y(t)]=u(t), \\ v=v[x(t),y(t)]=v(t), \end{cases} \quad \alpha \leqslant t \leqslant \beta.$$

(2) 曲线 C 为直角坐标方程 $F(x,y)=0$,则曲线 Γ 的方程可由方程组

$$\begin{cases} u=u(x,y), \\ v=v(x,y), \\ F(x,y)=0 \end{cases}$$

消去 x 和 y 得到.

例 16　在映射 $w=z^3$ 下,求 Z 平面上的直线 $z=(1+\mathrm{i})t$ 映射成 W 平面上的曲线方程.

解　直线 $z=(1+\mathrm{i})t$ 的参数方程为

$$\begin{cases} x=t, \\ y=t, \end{cases}$$

它在 Z 平面上表示了直线 $y=x$.

在映射 $w=z^3$ 下,$w=(1+\mathrm{i})^3 t^3=(-2+2\mathrm{i})t^3$,于是

$$\begin{cases} u = -2t^3, \\ v = 2t^3, \end{cases}$$

即

$$u = -v,$$

这是 W 平面上的直线方程.

例 17 在映射 $w = z^2$ 下,求 Z 平面上平行于坐标轴的直线映射 W 平面上的曲线方程.

解 由例 13 可知

$$\begin{cases} u = x^2 - y^2, \\ v = 2xy, \end{cases}$$

若 Z 平面上直线方程为 $x = c(c \neq 0)$,则在映射 $w = z^2$ 下,由方程组

$$\begin{cases} u = x^2 - y^2, \\ v = 2xy, \\ x = c \end{cases}$$

消去 x 和 y,得 W 平面上曲线 Γ 方程为

$$u = c^2 - \frac{v^2}{4c^2},$$

这是关于 u 轴对称的抛物线族方程. 这抛物线族的顶点位于正实轴上,且开口向左 (图 1.16).

若 Z 平面上直线方程为 $x = 0$,则在映射 $w = z^2$ 下,由方程组

$$\begin{cases} u = -y^2, \\ v = 0 \end{cases}$$

得 W 平面上曲线 Γ 方程为

$$\begin{cases} u \leqslant 0, \\ v = 0, \end{cases}$$

这是 W 平面上的负实轴.

若 Z 平面上直线方程为 $y = c(c \neq 0)$,同理可得在映射 $w = z^2$ 下 W 平面上曲线 Γ 方程为

$$u = \frac{v^2}{4c^2} - c^2,$$

这是关于 u 轴对称的抛物线族方程,这抛物线族的顶点位于负实轴上,且开口向右(图 1.16).

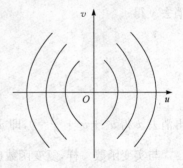

图 1.16

若 Z 平面上直线方程为 $y = 0$,同理可得在映射 $w = z^2$ 下 W 平面上曲线 Γ 方程为

$$\begin{cases} u \geqslant 0, \\ v = 0, \end{cases}$$

这是 W 平面上的正实轴.

例 18　在映射 $w = \dfrac{1}{z}$ 下,下列曲线映射成什么曲线?

(1) $C_1 : x^2 + y^2 = 9$;　　　　　　(2) $C_2 : y = 2$.

解　(1) $w = \dfrac{1}{z} = \dfrac{\overline{z}}{z\overline{z}} = \dfrac{x - \mathrm{i}y}{x^2 + y^2}$,$|w|^2 = \dfrac{1}{|z|^2} = \dfrac{1}{x^2 + y^2}$,这时

$$u = \frac{x}{x^2 + y^2}, \quad v = \frac{-y}{x^2 + y^2},$$

即

$$u^2 + v^2 = \frac{1}{x^2 + y^2},$$

故 Z 平面上曲线 C_1 映射成 W 平面上曲线 $\varGamma_1$,$\varGamma_1$ 的方程为

$$u^2 + v^2 = \frac{1}{9}.$$

(2) Z 平面上 C_2 映射成 W 平面上曲线 $\varGamma_2$,由

$$\begin{cases} u = \dfrac{x}{x^2 + y^2}, \\[2mm] v = \dfrac{-y}{x^2 + y^2}, \\[2mm] y = 2 \end{cases}$$

消去 y 得

$$\begin{cases} u = \dfrac{x}{x^2 + 4}, \\[2mm] v = \dfrac{-2}{x^2 + 4}, \end{cases}$$

再消去 x 得 $u^2 + v^2 + \dfrac{v}{2} = 0$,即 $u^2 + \left(v + \dfrac{1}{4}\right)^2 = \dfrac{1}{4^2}$,这就是所求曲线 $\varGamma_2$ 的方程.

与实变函数一样,复变函数也有反函数的概念.

定义 1.4.2　设 G 是 W 平面上与 Z 平面上的点集 D 通过函数 $w = f(z)$ 相对应的点集. 若对于 G 中任一点 w,按照 $w = f(z)$ 的对应法则,在 D 中有一个或多个(有限个或无限个)点 z 与之对应,则得到 z 是 w 的函数,记为 $z = g(w)$. $z = g(w)$ 称为函数 $w = f(z)$ 的**反函数**,也称为映射 $w = f(z)$ 的**逆映射**.

显然,由反函数的定义可知,对于点集 G 中的任意一点 w,有

$$w = f(g(w)).$$

当反函数为单值函数时,对于点集 D 中的任意一点 z,有

$$z = g(f(z)).$$

今后,我们不再区分函数与映射.

定义 1.4.3 如果函数(映射)$w = f(z)$ 与它的反函数(逆映射)$z = g(w)$ 都是单值的,那么称函数(映射)$w = f(z)$ 是一一的,也称集合 D 与集合 G 是一一对应的.

1.5 复变函数的极限与连续性

1.5.1 复变函数的极限

定义 1.5.1 设函数 $w = f(z)$ 在点 z_0 的某一个去心邻域内有定义,A 为复常数. 若对于任意给定的 $\varepsilon > 0$,存在 $\delta > 0$,当 $0 < |z - z_0| < \delta$ 时,有

$$| f(z) - A | < \varepsilon,$$

则称 A 为 $f(z)$ 当 z 趋向于 z_0 时的**极限**,记为 $\lim\limits_{z \to z_0} f(z) = A$ 或记为当 $z \to z_0$ 时,$f(z) \to A$.

复变函数的极限有明显的几何意义.

以复数 A 为中心、以 ε 为半径作一个圆 C_ε,即取点 A 的 ε 邻域,无论 ε 怎样小,总能找到 z_0 的一个充分小的 δ 邻域(它是以点 z_0 为中心、以 δ 为半径的圆 C_δ 内),当 $z(z \neq z_0)$ 落在 C_δ 内时,函数 $w = f(z)$ 就都落在 C_ε 内(图 1.17). 这个几何意义与一元实变函数极限的几何意义十分类似,只是这里用圆形邻域代替了那里的邻域.

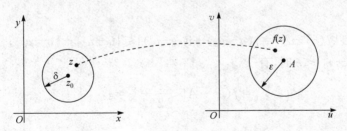

图 1.17

必须注意,定义中 z 趋向于 z_0 的方式是任意的,也就是说,无论 z 从什么方向、以什么方式趋向于 z_0,$f(z)$ 都要趋向于一个常数,这比对一元实变函数极限的定义要苛刻得多,与二元实变函数极限的定义有类似之处.

例 19 求证 $w = \arg z$ 当 $z \to -k$($k > 0$,k 为实数)时极限不存在.

证　因为当 z 从上半平面趋向于 $-k$ 时，$\lim\limits_{z\to-k}\arg z=\pi$；当 z 从下半平面趋向于 $-k$ 时，$\lim\limits_{z\to-k}\arg z=-\pi$，所以 $\lim\limits_{z\to-k}\arg z$ 不存在.

根据研究复变函数的两种方法，我们可将求复变函数的极限转化为求两个实变函数的极限，这样有利于极限的计算.

定理 1.5.1　设 $f(z)=u(x,y)+\mathrm{i}v(x,y)$，$A=u_0+\mathrm{i}v_0$，$z_0=x_0+\mathrm{i}y_0$，则 $\lim\limits_{z\to z_0}f(z)=A$ 的充要条件是

$$\lim_{\substack{x\to x_0\\y\to y_0}}u(x,y)=u_0,\qquad \lim_{\substack{x\to x_0\\y\to y_0}}v(x,y)=v_0.$$

证　若 $\lim\limits_{z\to z_0}f(z)=A$，由极限定义得，当 $0<|z-z_0|=|(x+\mathrm{i}y)-(x_0+\mathrm{i}y_0)|<\delta$ 时，有

$$|f(z)-A|=|(u+\mathrm{i}v)-(u_0+\mathrm{i}v_0)|<\varepsilon,$$

或当 $0<\sqrt{(x-x_0)^2+(y-y_0)^2}<\delta$ 时，有

$$|(u-u_0)+\mathrm{i}(v-v_0)|<\varepsilon,$$

因此当 $0<\sqrt{(x-x_0)^2+(y-y_0)^2}<\delta$ 时，由(1.3)式有

$$|u-u_0|<\varepsilon,\qquad |v-v_0|<\varepsilon,$$

由二元实变函数极限定义得

$$\lim_{\substack{x\to x_0\\y\to y_0}}u(x,y)=u_0,\qquad \lim_{\substack{x\to x_0\\y\to y_0}}v(x,y)=v_0.$$

反之，若上面两式成立，则当 $0<\sqrt{(x-x_0)^2+(y-y_0)^2}<\delta$ 时，有

$$|u-u_0|<\frac{\varepsilon}{2},\qquad |v-v_0|<\frac{\varepsilon}{2},$$

而

$$|f(z)-A|=|(u-u_0)+\mathrm{i}(v-v_0)|\leqslant|u-u_0|+|v-v_0|,$$

故当 $0<|z-z_0|<\delta$ 时，有

$$|f(z)-A|<\frac{\varepsilon}{2}+\frac{\varepsilon}{2}=\varepsilon,$$

即

$$\lim_{z\to z_0}f(z)=A,$$

证毕.

根据定理 1.5.1 与实变函数中极限的四则运算法则，很容易得到下面的定理.

定理 1.5.2　若 $\lim\limits_{z\to z_0}f(z)=A$，$\lim\limits_{z\to z_0}g(z)=B$，则

$$\lim_{z\to z_0}[f(z)\pm g(z)]=A\pm B;$$

$$\lim_{z \to z_0}[f(z)g(z)] = AB;$$

$$\lim_{z \to z_0}\frac{f(z)}{g(z)} = \frac{A}{B} \quad (B \neq 0).$$

例 20 求证函数 $f(z) = \dfrac{\mathrm{Re}z \, \mathrm{Im}z}{|z|^2}$ 当 $z \to 0$ 时极限不存在.

证 令 $z = x + iy$,则

$$f(z) = \frac{xy}{x^2 + y^2},$$

这时

$$u = \frac{xy}{x^2 + y^2}, \quad v = 0,$$

令 z 沿直线 $y = kx$ 趋向于 0 时,有

$$\lim_{\substack{x \to 0 \\ y \to 0 \\ (y=kx)}} u(x, y) = \lim_{\substack{x \to 0 \\ (y=kx)}} \frac{kx^2}{x^2 + k^2 x^2} = \frac{k}{1 + k^2},$$

显然随 k 的取值不同而不同(如取 $k=1$,极限值为 $\dfrac{1}{2}$;取 $k=2$,极限值为 $\dfrac{2}{5}$),所以 $\lim_{\substack{x \to 0 \\ y \to 0 \\ (y=kx)}} u(x, y)$ 不存在,据定理 1.5.1 得 $\lim_{z \to z_0} f(z)$ 不存在.

说明 在此例中求证 $\lim_{\substack{x \to 0 \\ y \to 0}} \dfrac{xy}{x^2 + y^2}$ 不存在,在高等数学二元函数中是个典型例题.

此例题也可用另一种方法证明. 令 $z = r(\cos\theta + i\sin\theta)$,则

$$f(z) = \frac{r\cos\theta \cdot r\sin\theta}{r^2} = \frac{1}{2}\sin 2\theta,$$

当 z 沿不同射线 $\arg z = \theta$ 趋向于 0 时,$f(z)$ 趋向于不同的值. 例如,当 z 沿 $\arg z = 0$ 趋向于 0 时,$f(z) \to 0$ 时,当 z 沿 $\arg z = \dfrac{\pi}{4}$ 趋向于 0 时,$f(z) \to \dfrac{1}{2}$. 故 $\lim_{z \to z_0} f(z)$ 不存在.

1.5.2 复变函数的连续性

定义 1.5.2 设函数 $w = f(z)$ 在点 z_0 及其某邻域内有定义,若 $\lim_{z \to z_0} f(z) = f(z_0)$,称函数 $w = f(z)$ 在点 z_0 处**连续**. 若 $w = f(z)$ 在区域 D 内处处连续,称 $w = f(z)$ 在区域 D 内连续.

将 $w = f(z)$ 在点 z_0 处连续的定义改为 "ε-δ" 的说法应为:设函数 $w = f(z)$ 在

点 z_0 的某一邻域内有定义,若对于任意给定的 $\varepsilon > 0$,存在 $\delta > 0$,当 $|z - z_0| < \delta$ 时,有

$$|f(z) - f(z_0)| < \varepsilon,$$

称 $w = f(z)$ 在点 z_0 处连续.

据此定义与定理 1.5.1 得下面定理.

定理 1.5.3　函数 $w = f(z) = u(x, y) + iv(x, y)$ 在点 $z_0 = x_0 + iy_0$ 处连续的充要条件是:实部 $u(x, y)$ 与虚部 $v(x, y)$ 都在点 (x_0, y_0) 处连续.

例 21　研究下列函数的连续性.

(1) $w = \arg z$;　　　　　　　　　(2) $w = \ln|z| + \arg zi$.

解　(1) 当 $z = 0$ 时,$\arg z$ 不确定,故 $w = \arg z$ 在 $z = 0$ 处不连续;当 $z \neq 0$ 时,由例 19 可知,$w = \arg z$ 在负实轴上不连续. 故 $w = \arg z$ 在复平面上除原点与负实轴外连续.

(2) $u = \ln|z|$ 在复平面上除原点外连续,$v = \arg z$ 的连续性在(1)中已讨论,故 $w = \ln|z| + \arg zi$ 在复平面上除去原点与负实轴外连续.

因为复变函数连续的定义和实变函数连续的定义相类似,所以实变函数有关连续函数的性质(四则运算、复合运算的连续性等)和二元实变函数在有界闭区域上的性质(有界性、取得最值性等)在复变函数中也成立.

定理 1.5.4　(1) 在点 z_0 处连续的两个函数 $f(z)$ 与 $g(z)$ 的和、差、积、商(分母在点 z_0 处不为零)在点 z_0 处仍连续.

(2) 若函数 $h = g(z)$ 在点 z_0 处连续,函数 $w = f(h)$ 在 $h_0 = g(z_0)$ 处连续,则复合函数 $w = f(g(z))$ 在点 z_0 处连续.

例 22　根据上述定理可知,有理整函数(多项式)

$$w = P(z) = a_0 + a_1 z + \cdots + a_n z^n$$

在复平面内处处连续.

设 $P(z)$,$Q(z)$ 都是多项式,有理分式函数

$$w = \frac{P(z)}{Q(z)}$$

在复平面内除分母为零的点外连续.

定理 1.5.5　有界闭区域 B 上的连续函数 $w = f(z)$ 具有有界性,即存在 $M > 0$,使 $|f(z)| \leqslant M (z \in B)$,并且 $|f(z)|$ 在 B 上能取得最大值与最小值,即存在 $z_1, z_2 \in B$,使

$$|f(z)| \leqslant |f(z_1)|, \quad |f(z)| \geqslant |f(z_2)| \quad (z \in B).$$

定义 1.5.3　函数 $f(z)$ 在曲线 C 上点 z_0 处连续的意义是指

$$\lim_{z \to z_0} f(z) = f(z_0) \quad (z \in C).$$

定理 1.5.6　在闭曲线或包括曲线端点在内的曲线段 C 上的连续函数 $f(z)$

具有有界性,即存在 $M>0$,使 $|f(z)|\leqslant M$ $(z\in C)$.

小　　结

本章主要学习了两部分:第一部分是复数的概念与运算、用复数方程与不等式来表示平面上的曲线与区域;第二部分是复变函数的概念及其极限与连续.

1. 有关复数的概念与运算,虽然在中学已经学过,考虑到它们是下面学习复变函数的基础,因此仍要通过复习、巩固和加深,做到熟练掌握.

(1) 在复数概念中,有实部、虚部、模、辐角等,其中辐角这个概念值得注意,在下面学习复变函数有关知识时,常常用到它,要正确理解它的多值性,即

$$\mathrm{Arg}z = \mathrm{arg}z + 2k\pi \quad (k = 0, \pm 1, \pm 2, \cdots),$$

其中主值 $\mathrm{arg}z$ 是根据非零复数 z 在复平面上的位置由关系式(1.7)确定的.

(2) 复数的表示式有:代数表示式、几何表示式、向量表示式、极坐标表示式、三角表示式、指数表示式、球面表示式等,在应用中根据问题的需要选用其中的表示式. 要学会它们之间的互化,关键在于掌握代数表示式与三角表示式之间的互化.

(3) 复数的运算有:相等、加法、减法、乘法、除法、乘幂、开方、共轭等,要理解各种运算的几何意义及其性质,其中三角不等式(1.13)占有很重要的地位.

对于两个复数 z_1 与 z_2 乘除法的辐角公式

$$\mathrm{Arg}(z_1 z_2) = \mathrm{Arg}z_1 + \mathrm{Arg}z_2,$$

$$\mathrm{Arg}\left(\frac{z_1}{z_2}\right) = \mathrm{Arg}z_1 - \mathrm{Arg}z_2,$$

应理解为两端可能取值的全体相同.

(4) 由于复数可以用平面上的点(几何表示式)与向量(向量表示式)表示,所以能用复数形式的方程或不等式来表示平面图形(平面上的曲线与区域等),从而有助于解决有关的几何问题.

2. 复变函数及其极限、连续等概念是高等数学中相应概念的推广,它们之间既有相似之处,又有相异之点,因此在学习中要善于比较,深刻理解,掌握好这些知识点.

(1) 复变函数的定义与一元实变函数的定义完全一样,只需后者定义中的“实数”改为“复数”即可. 复变函数的几何意义是:理解为将 Z 平面上的点集 D(如点、线、区域等)变到 W 平面上的点集 G 的一个映射(变换),这样可使研究的问题几何化、直观化,有关这部分内容在下面学习共形映射(保角映射)时会进一步加深对它的研究. 在现代数学中,“函数”与“映射”(变换)的概念并无本质上的区别,只是映射的涵义更加广泛而已.

(2) 复变函数的极限定义与一元实变函数极限的定义在形式上很相似,但实

质上差异很大. 一元实变函数中讨论极限 $\lim\limits_{x \to x_0} f(x)$ 时, $x \to x_0$ 是指 x 在点 x_0 的邻域内从 x_0 的左右两个方向趋向于 x_0, 而讨论复变函数极限 $\lim\limits_{z \to z_0} f(z)$ 时, $z \to z_0$ 是从点 z_0 的四面八方以任何方式趋向于 z_0, 这与二元实变函数的极限理解相类似.

复变函数连续的定义与一元实变函数连续的定义相类似.

(3) 研究复变函数的方法有两种: 一种是直接研究 $w = f(z)$; 另一种是化为实部 u 与虚部 v 去研究 $w = u(x, y) + iv(x, y)$, 因此对于复变函数 $w = f(z)$ 的极限、连续等概念及其性质都可以通过两个实变函数 $u(x, y), v(x, y)$ 去研究.

(4) 有关有界闭区域 B 上复连续函数这里研究了两个性质: 一是有界性, 即存在 $M > 0$, 使 $|f(z)| \leqslant M (z \in B)$; 二是取得最大模与最小模性质, 即 $|f(z)|$ 在 B 上能取得最大值与最小值, 也就是说存在 $z_1, z_2 \in B$, 使

$$|f(z)| \leqslant |f(z_1)|, \quad |f(z)| \geqslant |f(z_2)| \quad (z \in B).$$

习　题

1. 求下列复数的实部、虚部、模、辐角及共轭复数.

(1) $-3 + 3\sqrt{3}i$;

(2) $\dfrac{1-i}{1+i}$;

(3) $\dfrac{-1+2i}{-3+4i} + \dfrac{2-i}{5i}$;

(4) $i^8 + 4i^{21} + i$;

(5) $(1+i)^{100} + (1-i)^{100}$;

(6) $\left(\dfrac{1+\sqrt{3}i}{2}\right)^5$.

2. 将下列复数化为三角表示式与指数表示式.

(1) $2i$;

(2) -3;

(3) $(2-3i)(-2+i)$;

(4) $\dfrac{(\cos 5\theta + i \sin 5\theta)^2}{(\cos 3\theta - i \sin 3\theta)^3}$;

(5) $\dfrac{2i}{-1+i}$;

(6) $1 - \cos\varphi + i \sin\varphi \ (0 \leqslant \varphi \leqslant \pi)$.

3. 求下列各式的值.

(1) $(1+i)^6$;

(2) $(\sqrt{3}i)^{12}$;

(3) $\sqrt[6]{64}$;

(4) $(1-i)^{\frac{1}{3}}$.

4. 解方程组

$$\begin{cases} z_1 + 2z_2 = 1 + i, \\ 3z_1 + iz_2 = 2 - 3i. \end{cases}$$

5. 试用 $\sin\varphi$ 与 $\cos\varphi$ 表示 $\sin 6\varphi$ 与 $\cos 6\varphi$.

6. 一个复数乘以 $(-2i)$, 它的模与辐角有何改变?

7. 若 $(1-i)^n = (1+i)^n$, 求 n 的值.

8. (1) 求证 $\arctan \dfrac{1}{3} + \arctan \dfrac{1}{5} + \arctan \dfrac{1}{7} + \arctan \dfrac{1}{8} = \dfrac{\pi}{4}$;

(2) 求证 $\arcsin\dfrac{1}{\sqrt{10}}+\arccos\dfrac{7}{\sqrt{50}}+\arctan\dfrac{7}{31}+\operatorname{arccot}10=\dfrac{\pi}{4}$.

9. 设 w 是 1 的 n 次方根，$w\neq1$，试证 w 满足方程

$$z^{n-1}+z^{n-2}+\cdots+z^2+z+1=0.$$

10. 求方程 $z^3+8=0$ 的根.

11. 若复数 $a+\mathrm{i}b$ 是实系数方程

$$a_0z^n+a_1z^{n-1}+\cdots+a_{n-1}z+a_n=0$$

的根，则 $a-\mathrm{i}b$ 也是该方程的根.

12. 求证 $|z_1+z_2|^2+|z_1-z_2|^2=2(|z_1|^2+|z_2|^2)$，并说明其几何意义.

13. 设 $z=x+\mathrm{i}y$，求证 $\dfrac{1}{\sqrt{2}}(|x|+|y|)\leqslant|z|\leqslant|x|+|y|$.

14. 当 $|z|\leqslant1$ 时，求 $|z^n+a|$ 的最大值，其中 n 为正整数，a 为复数.

15. 已知两点 z_1,z_2（或三点 z_1,z_2,z_3），问下列各点 z 位于何处.

(1) $z=\dfrac{1}{2}(z_1+z_2)$;　　　　　　　　(2) $z=\dfrac{1}{3}(z_1+z_2+z_3)$.

16. 设 z_1,z_2,z_3 三点适合条件：$z_1+z_2+z_3=0$，$|z_1|=|z_2|=|z_3|=1$，求证 z_1,z_2,z_3 是内接于单位圆 $|z|=1$ 的一个正三角形的顶点.

17. 若复数 z_1,z_2,z_3 满足等式

$$\frac{z_2-z_1}{z_3-z_1}=\frac{z_1-z_3}{z_2-z_3},$$

求证 $|z_2-z_1|=|z_3-z_1|=|z_2-z_3|$，并说明等式的几何意义.

18. 若 $|\alpha|=1$ 或 $|\beta|=1$，求证 $\left|\dfrac{\alpha-\beta}{1-\bar{\alpha}\beta}\right|=1$.

19. 将下列方程（t 为实参数）给出的曲线用一个实直角坐标方程给出.

(1) $z=t(1+\mathrm{i})$;　　　　　　　　　　(2) $z=r\mathrm{e}^{\mathrm{i}t}+z_0$;

(3) $z=t+\dfrac{\mathrm{i}}{t}$;　　　　　　　　　　(4) $z=t^2+\dfrac{\mathrm{i}}{t^2}$;

(5) $z=a\mathrm{ch}t+(b\mathrm{sh}t)\mathrm{i}$;　　　　　(6) $z=a\mathrm{e}^{\mathrm{i}t}+b\mathrm{e}^{-\mathrm{i}t}$.

20. 指出下列各题中点 z 的轨迹（即所表示的曲线）或所在范围，并作图.

(1) $\operatorname{Re}(z+2)=-1$;　　　　　　　(2) $\operatorname{Re}(\mathrm{i}\bar{z})=3$;

(3) $|z+\mathrm{i}|=|z-\mathrm{i}|$;　　　　　　　(4) $|z+3|+|z+1|=4$;

(5) $\arg(z-\mathrm{i})=\dfrac{\pi}{4}$;　　　　　　(6) $|z+2\mathrm{i}|\geqslant1$;

(7) $0<\arg z<\pi$;　　　　　　　(8) $\left|\dfrac{z-3}{z-2}\right|\geqslant1$.

21. 描出下列不等式所确定的区域，并说明其区域的开闭性、有界性、连通性.

(1) $0<\operatorname{Re}z<1$;　　　　　　　　(2) $\dfrac{1}{2}\leqslant|z-2\mathrm{i}|\leqslant4$;

(3) $-\dfrac{\pi}{4}<\arg\dfrac{z-\mathrm{i}}{\mathrm{i}}<\dfrac{\pi}{4}$;　　　(4) $-1<\arg z<-1+\pi$;

(5) $|z-1|<4|z+1|$;　　　　　　　(6) $|z-2|+|z+2|\geqslant 6$;

(7) $|z-2|-|z+2|>1$;　　　　　　(8) $|z|+\mathrm{Re}z<1$;

(9) $\left|\dfrac{z-a}{1-\overline{a}z}\right|\leqslant 1(|a|<1)$;　　　　(10) $z\overline{z}-a\overline{z}-\overline{a}z+a\overline{a}<b\overline{b}(a,b$ 为复常数$)$.

22. 已知映射 $w=z^2$,求:

(1) 点 $z_1=\sqrt{2}\mathrm{i},z_2=1+\mathrm{i},z_3=\sqrt{3}+\mathrm{i}$ 在 W 平面上的像;

(2) 区域 $0<\arg z<\dfrac{\pi}{4}$ 在 W 平面上的像域.

23. 函数(即映射)$w=\dfrac{1}{z}$ 把 Z 平面上的下列曲线映射成 W 平面上的什么曲线?

(1) $x^2+y^2=16$;　　　　　　　　(2) $y=1$;

(3) $y=2x$;　　　　　　　　　　　(4) $x^2+y^2=2x$.

24. 设(1)$f(z)=\dfrac{z^2-\overline{z}^2}{z\overline{z}}(z\neq 0)$,　　(2) $f(z)=\dfrac{z}{|z|}(z\neq 0)$.

试证当 $z\to 0$ 时 $f(z)$ 的极限不存在.

25. 求下列函数的定义域,并判断这些函数在定义域内是否为连续函数.

(1) $w=z^3$;　　　　　　　　　　(2) $w=|z|$;

(3) $w=\dfrac{2z-1}{z-2}$;　　　　　　　　(4) $w=\dfrac{z^2+1}{(z+2)^2+1}$.

26. 试证 $w=\arg z+\dfrac{z^2+1}{z}$ 在原点与负实轴上不连续.

27. 设 $f(z)$ 在点 z_0 处连续,且 $f(z_0)\neq 0$,则可找到 z_0 的小邻域,在此邻域内 $f(z)\neq 0$.

28. 设 $f(z)$ 在点 z_0 处连续,则 $|f(z)|$ 在点 z_0 处也连续.

第 2 章 解 析 函 数

复变函数研究的主要内容之一是解析函数,其在理论与实际向题中有着广泛的应用.本章先介绍复变函数的导数概念,在求导法则的基础上,再介绍解析函数的概念,然后讨论函数解析的充要条件,最后介绍一些常用的几个初等函数,说明它们解析性,并阐明这些函数都是以指数函数而推得的.

复变函数的基本概念是微积分学的实变函数中相应概念的推广,经常类比于微积分学中的实变函数是学习复变函数的一个较好的方法.

2.1 解析函数的概念

2.1.1 复变函数的导数

1. 导数的概念

定义 2.1.1 设 $w=f(z)$ 在点 z_0 的某邻域内有定义,$z_0+\Delta z$ 是该邻域内的任一点,如果极限

$$\lim_{\Delta z \to 0}\frac{\Delta w}{\Delta z}=\lim_{\Delta z \to 0}\frac{f(z_0+\Delta z)-f(z_0)}{\Delta z} \tag{2.1}$$

存在,就称 $f(z)$ 在点 z_0 处可导,这个极限值称为 $f(z)$ 在点 z_0 的导数,记作 $f'(z_0)$ 或 $\dfrac{\mathrm{d}w}{\mathrm{d}z}\Big|_{z=z_0}$,即

$$f'(z_0)=\frac{\mathrm{d}w}{\mathrm{d}z}\Big|_{z=z_0}=\lim_{\Delta z \to 0}\frac{f(z_0+\Delta z_0)-f(z_0)}{\Delta z}.$$

当 $\Delta z \to 0$ 时

$$\Delta w=f(z_0)\Delta z+p\Delta z \ (p \to 0), \tag{2.2}$$

称 $\mathrm{d}w=f(z_0)\Delta z$ 为 $f(z)$ 在点 z_0 处的微分,也称 $f(z)$ 在点 z_0 处可微.

说明 (1) $f(z)$ 在点 z_0 处可导与可微是等价的.

(2) $f(z)$ 在区域 D 内可导,称 $f(z)$ 在 D 内可导.

(3) 复变函数 $f(z)$ 的导数与实变函数 $f(x)$ 的导数在形式上相类似,但有很大区别,实变量 $x \to x_0$ 只是 x_0 的左右方向,而复变量 $z \to z_0$ 是沿任何方向、任何方式趋向于 z_0.

例 1 求函数 $f(z)=z^n(n$ 为自然数)的导数.

解
$$f'(z)=\lim_{\Delta z\to0}\frac{f(z+\Delta z)-f(z)}{\Delta z}=\lim_{\Delta z\to0}\frac{(z+\Delta z)^n-z^n}{\Delta z}$$

$$=\lim_{\Delta z\to0}\left[nz^{n-1}+\frac{n(n-1)}{2!}z^{n-2}\Delta z+\cdots+(\Delta z)^{n-1}\right]=nz^{n-1}.$$

2. 可导与连续的关系

(1) 与一元实变量函数一样,若函数 $w=f(z)$ 在点 z_0 的导数 $f'(z_0)$ 存在,则 $f(z)$ 在点 z_0 处必连续. 事实上,由导数定义有

$$f'(z_0)=\lim_{\Delta z\to0}\frac{f(z_0+\Delta z)-f(z_0)}{\Delta z},$$

则 $\dfrac{f(z_0+\Delta z)-f(z_0)}{\Delta z}-f(z_0)=p(\Delta z)$,即

$$f(z_0+\Delta z)-f(z_0)=f(z_0)\Delta z+p(\Delta z)\Delta z,$$

其中当 $\Delta z\to0$, $p(\Delta z)\to0$. 因此有

$$\lim_{\Delta z\to0}\left[f(z_0+\Delta z)-f(z_0)\right]=0,$$

即

$$\lim_{\Delta z\to0}f(z_0+\Delta z)=f(z_0),$$

从而 $w=f(z)$ 在点 z_0 处连续.

(2) 连续函数不一定可导. 若令 $\Delta z=\Delta x+\mathrm{i}\Delta y$,则 $z+\Delta z=(x+\mathrm{i}y)+(\Delta x+\mathrm{i}\Delta y)=(x+\Delta x)+\mathrm{i}(y+\Delta y)$,即复数 z 增加 Δz,是实部 x 增加 Δx,虚部 y 增加 Δy.

例 2 求证函数 $f(z)=x+2y\mathrm{i}$ 在任意一点 z 处连续,但不可导.

证 设 $f(z)=u+\mathrm{i}v$,故 $u=x$,$v=2y$,而实部 u 与虚部 v 都在点 (x,y) 处连续,则 $f(z)=u+\mathrm{i}v$ 在点 z 处连续.

考虑下式

$$\frac{f(f+\Delta z)-f(z)}{\Delta z}=\frac{[(x+\Delta x)+2(y+\Delta y)\mathrm{i}]-(x+2y\mathrm{i})}{\Delta x+\mathrm{i}\Delta y}=\frac{\Delta x+2\Delta y\mathrm{i}}{\Delta x+\Delta y\mathrm{i}}.$$

若沿着平行 x 轴方向 $\Delta x\to0$,则 $\Delta y=0$,这时上式极限为

$$\lim_{\Delta z\to0}\frac{f(z+\Delta z)-f(z)}{\Delta z}=\lim_{\Delta x\to0}\frac{\Delta x}{\Delta x}=1,$$

若沿着平行 y 轴方向 $\Delta y\to0$,则 $\Delta x=0$ 这时上式极限为

$$\lim_{\Delta z\to0}\frac{f(z+\Delta z)-f(z)}{\Delta z}=\lim_{\Delta z\to0}\frac{2\Delta y\mathrm{i}}{\Delta y\mathrm{i}}=2,$$

因极限不唯一,故 $f(z)=x+2y\mathrm{i}$ 不可导.

说明 在复平面内处处连续的函数并不一定可导.虽然其实部 $u=x$ 和 $v=2y$

具有任意连续偏导数,性能可谓"很好",但它们构成的复变函数 $f(z)=u+\mathrm{i}v$ 在任意点 z 处不可导,这就证实了复变函数的可导性对函数的要求更高. 然而在实变量函数里要找一个处处连续、且不可导的例子是件很不容易的事.

3. 求导法则

因为复变函数的导数定义在形式上与实变函数的导数定义完全相同,所以类似于高等数学的方法可以证明有如下各求导法则:

(1) $[f(z)\pm g(z)]'=f'(z)\pm g'(z)$;

(2) $[f(z)g(z)]'=f'(z)g(z)+f(z)g'(z)$;

(3) $\left[\dfrac{f(z)}{g(z)}\right]'=\dfrac{g(z)f'(z)-f(z)g'(z)}{g^2(z)}$, $g(z)\neq 0$;

(4) $\{f[g(z)]\}'=f'(w)\cdot g'(z)$,其中 $w=f(z)$;

(5) $f'(z)=\dfrac{1}{\varphi'(z)}$,其中 $w=f(z)$, $z=\varphi(w)$ 是两个互为反函数的单值函数,且 $\varphi'(w)\neq 0$.

2.1.2 解析函数的概念

前面介绍了复变函数在某点的导数,但在复变函数的理论中,更重要的是研究函数在某邻域内的导数,即研究解析函数.

定义 2.1.2 若函数 $f(z)$ 在点 z_0 及 z_0 的邻域内处处可导,则称 $f(z)$ 在 D 内解析. 若 $f(z)$ 在区域 D 内每一点都解析,则称 $f(z)$ 在 D 内解析,或说 $f(z)$ 是 D 内的解析函数. 若 $f(z)$ 在点 z_0 处不解析,则称 z_0 为 $f(z)$ 的奇点.

说明 若函数在一点处解析,则一定在该点处可导,但反过来不一定成立,因为函数在某点的可导与解析是不等价的. 然而函数在区域内可导与解析是等价的,因此解析性不是函数在一个孤立点的性质,而是函数在一个区域内的性质.

例 3 试讨论函数 $w=\dfrac{1}{z}$ 的解析性.

解 因为 $w'=\dfrac{1}{z^2}$,所以在除 $z=0$ 外的复平面内,$w=\dfrac{1}{z}$ 处处可导,即除 $z=0$ 外,$w=\dfrac{1}{z}$ 在复平面内解析,$z=0$ 是它的奇点.

例 4 试讨论函数 $f(z)=|z^2|$ 的解析性.

解 因为

$$\lim_{\Delta z\to 0}\frac{f(z+\Delta z)-f(z)}{\Delta z}=\lim_{\Delta z\to 0}\frac{(z+\Delta z)^2-z^2}{\Delta z}=\lim_{\Delta z\to 0}\frac{(z+\Delta z)(\overline{z}+\overline{\Delta z})-z\overline{z}}{\Delta z}$$

$$= \lim_{\Delta z \to 0} \left(\overline{z} + \overline{\Delta z} + z\, \frac{\overline{\Delta z}}{\Delta z} \right),$$

所以,当 $z=0$ 时,上述极限为零,当 $z \neq 0$ 时,设 Δz 沿直线 $y=kx$ 趋于零,这时

$$\frac{\overline{\Delta z}}{\Delta z} = \frac{\Delta x - \mathrm{i}\Delta y}{\Delta x + \mathrm{i}\Delta y} = \frac{\Delta x - \mathrm{i}k\Delta x}{\Delta x + \mathrm{i}k\Delta x} = \frac{1 - \mathrm{i}k}{1 + \mathrm{i}k},$$

由 k 的任意性得 $\dfrac{\overline{\Delta z}}{\Delta z}$ 不趋向于一个确定的值,即上述极限不存在,故 $f(z)$ 不可导,因而函数 $f(z) = |z|^2$ 在全平面上处处不解析.

根据复变函数的求导法则,不难证明下面关于解析函数运算性质的定理.

定理 2.1.1　在区域 D 内解析的两个函数和、差、积、商(除去分母为零的点)在 D 内解析.

定理 2.1.2　设 $w=f(f)$ 在区域 G 内解析, $f=g(z)$ 在区域 D 内解析且其值域在区域 G 内,则解析函数的复合函数 $w=f[g(z)]$ 在 D 内解析.

说明　显然,任意一个多项式在复平面内是处处解析的. 任何一个有理分式函数 $\dfrac{P(z)}{Q(z)}$(其分子与分母都是多项式),在分母不为零的点的区域内是解析的,使分母为零的点是有理分式函数的奇点.

2.2　解析函数的充要条件

由 2.1 节知道,按定义 2.1.2 判别函数 $w=f(z)$ 是否解析往往是困难的,因此需寻求判别解析函数的简便而实用的方法.

定理 2.2.1　设函数 $f(z)=u(x,y)+\mathrm{i}v(x,y)$ 在区域 D 内有定义,则 $f(z)$ 在 D 内一点 $z=x+\mathrm{i}y$ 可导的充要条件是 $u(x,y),v(x,y)$ 在点 (x,y) 处可微,且满足柯西-黎曼(Cauchy-Riemann)条件(简称 C-R 条件):

$$\frac{\partial u}{\partial x} = \frac{\partial v}{\partial y}, \quad \frac{\partial u}{\partial y} = -\frac{\partial v}{\partial x}. \tag{2.3}$$

证　必要性. 设 $w=f(z)$ 在 $z=x+\mathrm{i}y$ 处可导,且 $f'(z)=\varphi+\mathrm{i}\beta$,则由(2.2)式得

$$\begin{aligned}
\Delta w &= f'(z)\Delta z + p\Delta z = (\varphi + \mathrm{i}\beta)(\Delta x + \mathrm{i}\Delta y) + p\Delta z \\
&= (\varphi\Delta x - \beta\Delta y) + \mathrm{i}(\varphi\Delta y + \beta\Delta x) + p_1 + \mathrm{i}p_2,
\end{aligned}$$

其中 $\Delta w = \Delta u + \mathrm{i}\Delta v$, $p_1 = \mathrm{Re}(p\Delta z)$, $p_2 = \mathrm{Im}(p\Delta z)$ 是 $|\Delta z|$ 的高阶无穷小量,由复数相等得

$$\begin{aligned}
\Delta u &= \varphi\Delta x - \beta\Delta y + p_1, \\
\Delta v &= \varphi\Delta y + \beta\Delta x + p_2.
\end{aligned}$$

由 $\Delta z \to 0$ 时,p_1、$p_2 \to 0$,故 $u(x,y)$,$v(x,y)$ 在点 (x,y) 处可微,且有

$$\varphi = \frac{\partial u}{\partial x} = \frac{\partial v}{\partial y}, \quad -\beta = \frac{\partial u}{\partial y} = -\frac{\partial v}{\partial x}.$$

充分性. 设 u,v 在点 (x,y) 处可微,且满足 C-R 条件,则有

$$\Delta u = \frac{\partial u}{\partial x} \Delta x + \frac{\partial u}{\partial y} \Delta y + p_1,$$

$$\Delta v = \frac{\partial v}{\partial x} \Delta x + \frac{\partial v}{\partial y} \Delta y + p_2,$$

由 C-R 条件得

$$\Delta w = \Delta u + \mathrm{i} \Delta v = \left(\frac{\partial u}{\partial x} + \mathrm{i} \frac{\partial v}{\partial x}\right) \Delta x + \left(\frac{\partial u}{\partial y} + \mathrm{i} \frac{\partial v}{\partial y}\right) \Delta y + p_1 + \mathrm{i} p_2$$

$$= \left(\frac{\partial u}{\partial x} + \mathrm{i} \frac{\partial v}{\partial x}\right) \Delta x + \left(-\frac{\partial v}{\partial x} + \mathrm{i} \frac{\partial u}{\partial x}\right) \Delta y + p_1 + \mathrm{i} p_2$$

$$= \left(\frac{\partial u}{\partial x} + \mathrm{i} \frac{\partial v}{\partial x}\right) (\Delta x + \mathrm{i} \Delta y) + p \Delta z,$$

从而 $\dfrac{\mathrm{d} w}{\mathrm{d} z} = \lim\limits_{\Delta z \to 0} \dfrac{\Delta w}{\Delta z} = \dfrac{\partial u}{\partial x} + \mathrm{i} \dfrac{\partial v}{\partial x}$,即函数 $w = f(z)$ 在点 $z = x + \mathrm{i} y$ 处可导.

说明 (1) 由上述结果及 C-R 条件,可得函数 $f(z) = u(x,y) + \mathrm{i} v(x,y)$ 的导数公式

$$f'(z) = \frac{\partial u}{\partial x} + \mathrm{i} \frac{\partial v}{\partial x} = \frac{1}{\mathrm{i}} \frac{\partial u}{\partial y} + \frac{\partial v}{\partial y}. \tag{2.4}$$

(2) 充分条件中的两条缺一不可.

例如,2.1 节例 $f(z) = x + 2y\mathrm{i}$ 虽然 u,v 均可微,但不满足 C-R 条件,即 $\dfrac{\partial u}{\partial x} = 1$,$\dfrac{\partial v}{\partial y} = 2$,故 $f(z)$ 不可导. 由此可见用这里的方法判别函数不可导要简便得多.

同样,若只满足 C-R 条件,也不能说明 $f(z)$ 可导,故单 C-R 条件是函数可导的必要条件,不是充分条件.

定理 2.2.2 设函数 $f(z) = u(x,y) + \mathrm{i} v(x,y)$ 在区域 D 内有定义,则 $f(z)$ 在 D 内解析的充要条件是 $u(x,y)$,$v(x,y)$ 在 D 内可微,且满足 C-R 条件.

为了方便判别解析函数,给出下面的推论.

推论 2.2.1 设 $f(z) = u(x,y) + \mathrm{i} v(x,y)$ 在区域 D 内有定义,若在 D 内 u 和 v 具有一阶连续偏导数,且满足 C-R 条件,则 $f(z)$ 在 D 内解析.

例 5 判别下列函数的解析性:

(1) $f(z) = \sin x \operatorname{ch} y + \mathrm{i} \cos x \operatorname{sh} y$;   (2) $f(z) = x^3 - y^3 + 2x^2 y^2 \mathrm{i}$;

(3) $f(z)=|z|^2$;   (4) $f(z)=\dfrac{x-\mathrm{i}y}{x^2+y^2}$.

解 (1) 由题知 $u(x,y)=\sin x\mathrm{ch}y, v(x,y)=\cos x\mathrm{sh}y$,则有

$$\frac{\partial u}{\partial x}=\cos x\mathrm{ch}y, \quad \frac{\partial u}{\partial y}=\sin x\mathrm{sh}y, \quad \frac{\partial v}{\partial x}=-\sin x\mathrm{sh}y, \quad \frac{\partial v}{\partial y}=\cos x\mathrm{ch}y,$$

这四个偏导数均为连续函数,则 $u(x,y), v(x,y)$ 处处可微,且满足 C-R 条件,故 $f(z)=\sin x\mathrm{ch}y+\mathrm{i}\cos x\mathrm{sh}y$ 是全平面上的解析函数,且其导数为

$$f'(z)=\frac{\partial u}{\partial x}+\mathrm{i}\frac{\partial v}{\partial x}=\cos x\mathrm{ch}y-\mathrm{i}\sin x\mathrm{sh}y.$$

(2) $u(x,y)=x^3-y^3, v(x,y)=2x^2y^2$,则

$$\frac{\partial u}{\partial x}=3x^2, \quad \frac{\partial u}{\partial y}=-3y^2, \quad \frac{\partial v}{\partial x}=4xy^2, \quad \frac{\partial v}{\partial y}=4x^2y,$$

这四个偏导数均为可导函数,则 $u(x,y), v(x,y)$ 处处可微. 但要满足 C-R 条件,必须

$$3x^2=4x^2y, \quad -3y^2=-4xy^2,$$

即 $x=y=\dfrac{3}{4}$,故 $f(z)$ 只在 $z=0, z=\dfrac{3}{4}+\dfrac{3}{4}\mathrm{i}$ 两点处可导,其导数为 $f'(0)=0$,

$f'\left(\dfrac{3}{4}+\dfrac{3}{4}\mathrm{i}\right)=\dfrac{27}{16}(1+\mathrm{i})$,在全平面上 $f(z)$ 处处不解析.

(3) $u(x,y)=x^2+y^2, v(x,y)=0$,则

$$\frac{\partial u}{\partial x}=2x, \quad \frac{\partial u}{\partial y}=2y, \quad \frac{\partial v}{\partial x}=\frac{\partial v}{\partial y}=0,$$

这四个偏导数在全平面上处处连续,但只在 $z=0$ 处满足 C-R 条件,故 $f(z)=|z|^2$ 在全平面上处处不解析.

(4) $u=\dfrac{x}{x^2+y^2}, v=-\dfrac{y}{x^2+y^2}$,在 $z\neq0$ 处均可微.

$$\frac{\partial u}{\partial x}=\frac{y^2-x^2}{(x^2+y^2)^2}, \quad \frac{\partial u}{\partial y}=\frac{-2xy}{(x^2+y^2)^2}, \quad \frac{\partial v}{\partial x}=\frac{2xy}{(x^2+y^2)^2}, \quad \frac{\partial v}{\partial y}=\frac{y^2-x^2}{(x^2+y^2)^2},$$

满足 C-R 条件,故 $f(z)=\dfrac{x-\mathrm{i}y}{x^2+y^2}$ 在 $z\neq0$ 处解析. 而 $f(z)=\dfrac{x-\mathrm{i}y}{x^2+y^2}=\dfrac{\bar{z}}{z\bar{z}}=\dfrac{1}{z}$,

$f'(z)=-\dfrac{1}{z^2}$.

例 6 若 $w=f(z)=u(x,y)+\mathrm{i}v(x,y)$ 为解析函数,则它一定能单独用 z 表示.

证 若把 $x=\dfrac{1}{2}(z+\bar{z}), y=\dfrac{1}{2\mathrm{i}}(z-\bar{z})$ 代入 $\omega=f(z)=u+\mathrm{i}v$,则 ω 可看成两

个变量 z 与 $\overline{z}$ 的函数. 要证明 ω 仅依赖于 z, 只要证明 $\dfrac{\partial \omega}{\partial \overline{z}} \equiv 0$ 就可以了.

由偏导数的求导法则得

$$\frac{\partial \omega}{\partial \overline{z}} = \frac{\partial u}{\partial x}\frac{\partial x}{\partial \overline{z}} + \frac{\partial u}{\partial y}\frac{\partial y}{\partial \overline{z}} + \mathrm{i}\left(\frac{\partial v}{\partial x}\frac{\partial x}{\partial \overline{z}} + \frac{\partial v}{\partial y}\frac{\partial y}{\partial \overline{z}}\right) = \frac{1}{2}\left(\frac{\partial u}{\partial x} - \frac{\partial v}{\partial y}\right) + \frac{1}{2}\mathrm{i}\left(\frac{\partial v}{\partial x} + \frac{\partial u}{\partial y}\right),$$

利用 ω 为解析函数, 由 C-R 条件知上式中两个括号里的值均为零, 故 $\dfrac{\partial \omega}{\partial \overline{z}} \equiv 0$.

说明 详见 1.4 节中例 14 后的说明.

例 7 若 $f'(z)$ 在区域 D 内处处为零, 则 $f(z)$ 在 D 内为一常数.

证 由 $f'(z) = \dfrac{\partial u}{\partial x} + \mathrm{i}\dfrac{\partial v}{\partial x} = \dfrac{\partial v}{\partial y} - \mathrm{i}\dfrac{\partial u}{\partial y} \equiv 0$ 得 $\dfrac{\partial u}{\partial x} = \dfrac{\partial u}{\partial y} = \dfrac{\partial v}{\partial x} = \dfrac{\partial v}{\partial y} \equiv 0$, 故 $u =$ 常数,

$v =$ 常数, 因而 $f(z)$ 在 D 内是常数.

说明 将确定一个函数在某区域内是否为解析的方法归纳如下:

(1) 求出 $f(z) = u + \mathrm{i}v$ 的实部 u 和虚部 v 的一阶偏导数, 判定它们在该区域内是否连续, 是否满足 C-R 条件, 若是, 则 $f(z)$ 在该区域内解析;

(2) 若函数 w 仅能用 z 显式表示的函数可以直接求出其导数. 若函数的导数在某区域内处处存在, 则此函数在该区域内解析.

2.3 解析函数与调和函数

2.3.1 调和函数的概念

在流体力学等领域的许多实际问题中, 常常会遇到一种特殊的二元函数, 称为调和函数. 它们都与解析函数之间有着密切的关系.

定义 2.3.1 若 $u(x,y)$ 在区域 D 内满足拉普拉斯方程

$$\frac{\partial^2 u}{\partial x^2} + \frac{\partial^2 u}{\partial y^2} = 0,$$

称 $u(x,y)$ 为 D 内的调和函数.

例 8 求证 $u(x,y) = y^3 - 3x^2 y$ 为调和函数.

证 $\dfrac{\partial u}{\partial x} = -6xy, \dfrac{\partial^2 u}{\partial x^2} = -6y, \dfrac{\partial u}{\partial y} = 3y^2 - 3x^2, \dfrac{\partial^2 u}{\partial y^2} = 6y$, 故 $\dfrac{\partial^2 u}{\partial x^2} + \dfrac{\partial^2 u}{\partial y^2} = 0$, 则

$u(x,y) = y^3 - 3x^2 y$ 为调和函数.

定理 2.3.1 若 $\omega = f(z)$ 在区域 D 内解析, 则其实部和虚部均为 D 内的调和函数.

证 因为 $f(z) = u(x,y) + \mathrm{i}v(x,y)$ 在区域 D 内解析, 所以 u 和 v 满足 C-R 条件

$$\frac{\partial u}{\partial x}=\frac{\partial v}{\partial y}, \quad \frac{\partial u}{\partial y}=-\frac{\partial v}{\partial x}.$$

在第 3 章将证明解析函数的导数仍为解析函数, u 和 v 具有任意阶的连续偏导数, 故有 $\frac{\partial^2 u}{\partial x \partial y}=\frac{\partial^2 v}{\partial y^2}, \frac{\partial^2 u}{\partial y \partial x}=-\frac{\partial^2 v}{\partial x^2}$, 因 $\frac{\partial^2 u}{\partial x \partial y}=\frac{\partial^2 u}{\partial y \partial x}$, 故 $\frac{\partial^2 v}{\partial x^2}+\frac{\partial^2 v}{\partial y^2}=\frac{\partial^2 u}{\partial x \partial y}-\frac{\partial^2 u}{\partial y \partial x}=0$.

这就证明了 $v(x,y)$ 在 D 内是调和函数, 同理可证 $u(x,y)$ 也是 D 内的调和函数.

说明　定理 2.3.1 反之不成立, 即 u 和 v 均为调和函数, 函数 $f(z)$ 不一定解析.

例如, $u=x, v=-y$ 显然都是调和函数, 但因为 $\frac{\partial u}{\partial x}=1, \frac{\partial v}{\partial y}=-1$, 所以 C-R 条件不成立. 故 $f(z)=\bar{z}=x-\mathrm{i}y$ 不是解析函数.

2.3.2　共轭调和函数

定义 2.3.2　设 $u(x,y)$ 和 $v(x,y)$ 都是区域 D 内的调和函数, 并满足 C-R 条件, 称 $v(x,y)$ 为 $u(x,y)$ 的共轭调和函数.

由定义可知下面的定理.

定理 2.3.2　$f(z)$ 是解析函数的充要条件是虚部 $v(x,y)$ 为实部 $u(x,y)$ 的共轭调和函数.

说明　这里指的是虚部 $v(x,y)$ 为实部 $u(x,y)$ 的共轭调和函数, u,v 位置不能调换.

例如, $z^2=(x+\mathrm{i}y)^2=x^2-y^2+2xy\mathrm{i}$, $2xy$ 是 (x^2-y^2) 的共轭调和函数, 若说 (x^2-y^2) 是 $2xy$ 的共轭调和函数, 则 $f(z)=2xy+(x^2-y^2)\mathrm{i}$ 便不是解析函数, 因 $\frac{\partial u}{\partial x}=2y, \frac{\partial v}{\partial y}=-2y$, 故 $\frac{\partial u}{\partial x}\neq\frac{\partial v}{\partial y}$, 不满足 C-R 条件.

例 9　求 $u(x,y)=y^3-3x^2y$ 的共轭调和函数 v 及由 u,v 构成的解析函数 $f(z)$.

解一　由于 $f(z)=u(x,y)+\mathrm{i}v(x,y)$ 解析, 因而由 C-R 条件有

$$\frac{\partial v}{\partial y}=\frac{\partial u}{\partial x}=-6xy, \quad \frac{\partial v}{\partial x}=-\frac{\partial u}{\partial y}=3x^2-3y^2,$$

则 $\mathrm{d}v=(3x^2-3y^2)\mathrm{d}x-6xy\mathrm{d}y$, 于是

$$v(x,y)=\int_{(0,0)}^{(x,y)}(3x^2-3y^2)\mathrm{d}x-6xy\mathrm{d}y+C=x^3-3xy^2+C,$$

从而所求的解析函数为

$$f(z)=y^3-3x^2y+\mathrm{i}(x^3-3xy^2+C)=\mathrm{i}(z^3+C).$$

解二 由 $\dfrac{\partial v}{\partial y}=\dfrac{\partial u}{\partial x}=-6xy$ 得

$$v(x,y)=\int\frac{\partial v}{\partial y}\mathrm{d}y=\int(-6xy)\mathrm{d}y=-3xy^2+\varphi(x),$$

则 $\dfrac{\partial v}{\partial x}=-3y^2+\varphi'(x)=-\dfrac{\partial u}{\partial y}=3x^2-3y^2$,从而 $\varphi'(x)=3x^2$,$\varphi(x)=x^3+C$,故

$$v(x,y)=-3xy^2+x^3+C,$$

因此 $f(z)=y^3-3x^2y+\mathrm{i}(x^3-3xy^2+C)=\mathrm{i}(z^3+C)$.

解三 由 $f(z)=u(x,y)+\mathrm{i}v(x,y)$ 得

$$f'(z)=\frac{\partial u}{\partial x}+\mathrm{i}\frac{\partial v}{\partial x}=\frac{\partial u}{\partial x}-\mathrm{i}\frac{\partial u}{\partial y}=-6xy+\mathrm{i}(3x^2-3y^2)=\mathrm{i}3(x+\mathrm{i}y)^2=\mathrm{i}3z^2,$$

于是 $f(z)=\mathrm{i}z^3+C_1$,而 $f(z)$ 的实部 $u(x,y)=y^3-3x^2y$,故其虚部 $v(x,y)=-3xy^2+x^3+C$,则 $f(z)=y^3-3x^2y+\mathrm{i}(-3xy^2+x^3+C)=\mathrm{i}(z^3+C_1)$,其中 $C_1=\mathrm{i}C$.

说明 （1）这里的解三告诉我们求解析函数的另一个方法,利用 C-R 条件可由 $f'(z)=\dfrac{\partial u}{\partial x}-\mathrm{i}\dfrac{\partial u}{\partial y}=\dfrac{\partial v}{\partial y}+\mathrm{i}\dfrac{\partial v}{\partial x}$ 求出解析函数.

（2）可以类似地由解析函数的虚部确定它的实部.

2.4 初 等 函 数

在实变函数中,常用的函数是初等函数,现将它们推广到复变函数中. 作为推广,其定义的复变函数,既不要违背原有实变函数的特性,又不要和原有实变函数一样.下面研究初等函数的性质和解析性.

2.4.1 指数函数

定义 2.4.1 设复数 $z=x+\mathrm{i}y$,称函数 $\omega=\mathrm{e}^x(\cos y+\mathrm{i}\sin y)$ 为 z 的指数函数,即

$$\mathrm{e}^z=\mathrm{e}^{x+\mathrm{i}y}=\mathrm{e}^x(\cos y+\mathrm{i}\sin y).$$

当 $y=0$ 时,$\mathrm{e}^z=\mathrm{e}^x$,它与实变函数中的指数函数 e^x 一致,具有实变量指数函数类似的性质.

当 $x=0$ 时,$\mathrm{e}^z=\mathrm{e}^{\mathrm{i}y}=\cos y+\mathrm{i}\sin y$,这就是著名的欧拉公式.

1. 指数函数的性质

（1）不等于零性：e^z 在全平面上都有定义,且 $\mathrm{e}^z\neq0$.

说明 见下面的指数函数的模与辐角.

(2) 可加性:对任意复数 z_1 与 z_2,有 $e^{z_1} \cdot e^{z_2} = e^{z_1 + z_2}$.

证 令 $z_1 = x_1 + iy_1, z_2 = x_2 + iy_2$,则

$$e^{z_1} \cdot e^{z_2} = e^{x_1}(\cos y_1 + i\sin y_1) \cdot e^{x_2}(\cos y_2 + i\sin y_2)$$
$$= e^{x_1 + x_2}[\cos(y_1 + y_2) + i\sin(y_1 + y_2)] = e^{z_1 + z_2},$$

因为 $e^z \cdot e^{-z} = e^0 = 1$,所以 $e^{-z} = \dfrac{1}{e^z}$,$\dfrac{e^{z_1}}{e^{z_2}} = e^{z_1 - z_2}$.

(3) 周期性:$\omega = e^z$ 以 $2k\pi i$(k 为整数)为周期,即 $e^{z + 2k\pi i} = e^z$.

证 对任意整数 k 有 $e^{2k\pi i} = \cos 2k\pi + i\sin 2k\pi = 1$,故 $e^{z + 2k\pi i} = e^z \cdot e^{2k\pi i} = e^z$.

说明 复变量指数函数以 $2k\pi i$ 为周期,这个性质在实变量指数函数中是没有的.

(4) 无极限性:$\omega = e^z$ 当 z 趋向于 ∞ 时没有极限.

证 当 z 沿实轴正向趋向于 ∞ 时,有

$$\lim_{z \to \infty} e^z = \lim_{x \to +\infty} e^x = +\infty,$$

当 z 沿实轴负向趋向于 ∞ 时,有

$$\lim_{z \to \infty} e^z = \lim_{x \to -\infty} e^x = 0,$$

故当 $z \to \infty$ 时,e^z 的极限不存在.

(5) 解析性:e^z 在全平面上解析,且 $\dfrac{d\omega}{dz} = \dfrac{de^z}{dz} = e^z$.

证 设 $e^z = u + iv$,则由定义知 $u = e^x \cos y, v = e^x \sin y$,由 u, v 的可微性及 C-R 条件得

$$(e^z)' = \frac{\partial u}{\partial x} + i\frac{\partial v}{\partial x} = e^x \cos y + ie^x \sin y = e^z.$$

2. 指数函数的模与辐角

由 $e^z = e^{z + 2k\pi i} = e^x \cdot e^{(y + 2k\pi)i}$($k = 0, \pm 1, \pm 2, \cdots$)得指数函数的模与辐角为

$$|e^z| = e^x, \quad \text{Arg}e^z = y + 2k\pi.$$

例 10 求 $e^{2 + \frac{\pi}{6}i}$ 的值.

解 $e^{2 + \frac{\pi}{6}i} = e^2\left(\cos\dfrac{\pi}{6} + i\sin\dfrac{\pi}{6}\right) = e^2\dfrac{\sqrt{3} + i}{2}$.

例 11 求解方程 $1 + \cos z = 0$.

解 $1 + e^z = 1 + e^x(\cos y + i\sin y) = 1 + e^x \cos y + ie^x \sin y$,由复数相等得

$$\begin{cases} 1 + e^x \cos y = 0, \\ e^x \sin y = 0, \end{cases}$$

解得 $x = 0, y = \pi + 2k\pi$,即 $z = (2k + 1)\pi i$(k 为整数).

2.4.2 对数函数

和实变量函数相同,复对数函数定义为复指数函数的反函数.

1. 对数函数的定义

定义 2.4.2 满足方程 $e^\omega = z(z \neq 0)$ 的函数 $\omega = f(z)$ 称为对数函数,即为 $\omega = \mathrm{Ln}z$.

若 $z = |z|e^{i\theta}$,则 $e^\omega = |z|e^{i\theta} = e^{\ln|z|} \cdot e^{i\mathrm{Arg}z}$,故

$$\omega = \ln|z| + i\mathrm{Arg}z \tag{2.5}$$

或

$$\mathrm{Ln}z = \ln|z| + i\mathrm{arg}z + i2k\pi \quad (k = 0, \pm 1, \pm 2, \cdots). \tag{2.6}$$

因为辐角 $\mathrm{Arg}z$ 是多值函数,所以对数函数 $\mathrm{Ln}z$ 也是多值函数,但每两值相差 $2\pi i$ 的整数倍.

若规定 $\mathrm{Arg}z$ 取主值 $\mathrm{arg}z$,则对数函数为一个单值函数,记为

$$\ln z = \ln|z| + i\mathrm{arg}z, \tag{2.7}$$

称 $\ln z$ 为对数函数的主值. 对数函数可表示为

$$\mathrm{Ln}z = \ln z + i2k\pi \quad (k = 0, \pm 1, \pm 2, \cdots), \tag{2.8}$$

对于每一个固定的 k,(2.8)式为一个单值函数,称为 $\ln z$ 的一个分支.

例 12 求 $\mathrm{Ln}(1+i)$ 和它的主值.

解 $\mathrm{Ln}(1+i) = \ln|1+i| + i\mathrm{arg}(1+i) + 2k\pi i$

$$= \ln\sqrt{2} + \frac{\pi}{4}i + 2k\pi i = \frac{1}{2}\ln 2 + \left(2k + \frac{1}{4}\right)\pi i \quad (k = 0, \pm 1, \pm 2, \cdots).$$

它的主值为 $\ln(1+i) = \frac{1}{2}\ln 2 + \frac{\pi}{4}i$.

例 13 求 $\ln(-4+5i)$.

解 由(2.7)式得

$$\ln(-4+5i) = \ln|-4+5i| + i\mathrm{arg}(-4+5i) = \frac{1}{2}\ln 41 + i\left(\pi - \arctan\frac{5}{4}\right).$$

例 14 用对数函数解方程 $1 + e^z = 0$.

解 由对数函数定义得

$$z = \mathrm{Ln}(-1) = \ln|-1| + i\mathrm{arg}(-1) + 2k\pi i = \ln 1 + i\pi + 2k\pi i$$
$$= (2k+1)\pi i \quad (k = 0, \pm 1, \pm 2, \cdots).$$

说明 (1) 在复数范围内负数的对数是存在的,这一点是与实数对数不同. 当 $z = x > 0$ 时,这时复对数函数的主值为 $\ln z = \ln x$,便是实对数函数,故复对数函数是实对数函数的一种推广.

（2）直到现在已经见到三种对数函数，第一种是实对数函数 $\ln x$；第二种是复对数函数 Lnz，对每个 z 对应无穷多值；第三种复对数函数 $\ln z$，它是单值函数，是 Lnz 无穷多值中的一支.

2. 对数函数的性质

1) 运算性质

1° $\mathrm{Ln}(z_1 z_2) = \mathrm{Ln}z_1 + \mathrm{Ln}z_2$；

2° $\mathrm{Ln}\dfrac{z_1}{z_2} = \mathrm{Ln}z_1 - \mathrm{Ln}z_2$.

说明　这些等式若两端的所有可能取值都相同，则说明等式成立.

证　按照（2.6）式有

1° $\mathrm{Ln}(z_1 z_2) = \ln|z_1 z_2| + \mathrm{i}\mathrm{Arg}(z_1 z_2) = \ln|z_1| + \ln|z_2| + \mathrm{i}(\mathrm{Arg}z_1 + \mathrm{Arg}z_2)$

$\qquad = \mathrm{Ln}z_1 + \mathrm{Ln}z_2$；

2° $\mathrm{Ln}\dfrac{z_1}{z_2} = \ln\left|\dfrac{z_1}{z_2}\right| + \mathrm{i}\mathrm{Arg}\left(\dfrac{z_1}{z_2}\right) = \ln|z_1| - \ln|z_2| + \mathrm{i}(\mathrm{Arg}z_1 - \mathrm{Arg}z_2)$

$\qquad = \mathrm{Ln}z_1 - \mathrm{Ln}z_2$.

2) 解析性质

就主值 $\ln z$ 而言，在除去原点及负实轴的复平面上是解析的，且

$$\frac{\mathrm{d}\ln z}{\mathrm{d}z} = \frac{1}{\dfrac{\mathrm{d}\mathrm{e}^\omega}{\mathrm{d}\omega}} = \frac{1}{\mathrm{e}^\omega} = \frac{1}{z}. \tag{2.9}$$

详细分述如下：$\ln z = \ln|z| + \mathrm{i}\arg z$，当 $z=0$ 时，$\ln|z|$ 和 $\arg z$ 均无意义. 当 $x<0$ 时，$\lim\limits_{y\to 0}\arg z = -\pi$，$\lim\limits_{y\to 0^+}\arg z = \pi$，可见 $\omega = \ln z$ 在负实轴上不连续，因而 $\omega = \ln z$ 在原点和负实轴上不可导. 而 $z = \mathrm{e}^\omega$ 在区域 $-\pi < \arg z \leqslant \pi$ 上的反函数 $\omega = \ln z$ 是单值的，由反函数的求导法则得（2.9）式，故 $\ln z$ 在除去原点及负实轴的复平面上是解析的. 又因为 $\mathrm{Ln}z = \ln z + 2k\pi\mathrm{i}$（$k$ 为整数），所以 Lnz 的各个分支在除去原点及负实轴的复平面上也解析，且有相同的导数值.

2.4.3　幂函数

定义 2.4.3　对任意的复常数 α，定义

$$\omega = z^\alpha = \mathrm{e}^{\alpha \mathrm{Ln}z} \quad (z\neq 0). \tag{2.10}$$

还定义：当 $z=0$，α 为正实数时，$z^\alpha = 0$.

说明　因为 Lnz 是多值函数，所以 z^α 也是多值函数.

例 15　求 $2^{2+\mathrm{i}}$ 的值.

解　$2^{2+\mathrm{i}} = \mathrm{e}^{(2+\mathrm{i})\mathrm{Ln}2} = \mathrm{e}^{(2+\mathrm{i})(\ln|2| + \mathrm{i}\arg 2 + \mathrm{i}2k\pi)} = \mathrm{e}^{(2+\mathrm{i})(\ln|2| + \mathrm{i}2k\pi)}$

$\qquad = \mathrm{e}^{(2\ln 2 - 2k\pi) + \mathrm{i}(\ln 2 + 4k\pi)} = 4\mathrm{e}^{-2k\pi}(\cos\ln 2 + \mathrm{i}\sin\ln 2)，\quad k = 0, \pm 1, \pm 2, \cdots.$

说明 当 α 为特殊的实数值时,可得到常用的公式.

(1) 当 $\alpha = n$(n 为正整数)时,有

$$z^n = e^{n\mathrm{Ln}z} = e^{n(\ln|z| + i\arg z + i2k\pi)} = e^{n\ln|z|} \cdot e^{in(\arg z + 2k\pi)}$$

$$= |z|^n [\cos n(\arg z + 2k\pi) + i\sin n(\arg z + 2k\pi)],$$

记 $\theta = \arg z$,因 2π 是 $\cos\varphi$ 和 $\sin\varphi$ 的周期,则

$$z^n = |z|^n (\cos n\theta + i\sin n\theta)$$

是一个单值函数.

(2) 当 $\alpha = \dfrac{1}{n}$(n 为正整数)时,有

$$z^{\frac{1}{n}} = e^{\frac{1}{n}\mathrm{Ln}z} = e^{\frac{1}{n}(\ln|z| + i\arg z + i2k\pi)} = e^{\frac{1}{n}\ln|z|} \cdot e^{i\frac{1}{n}(\arg z + 2k\pi)}$$

$$= |z|^{\frac{1}{n}} \left(\cos\frac{\theta + 2k\pi}{n} + i\sin\frac{\theta + 2k\pi}{n} \right) = \sqrt[n]{z},$$

当 $k = 0, 1, \cdots, n-1$ 时,有 n 个不同的值.

(3) 当 $\alpha = -n$(n 为正整数)时,有

$$z^{-n} = e^{-n\mathrm{Ln}z} = e^{-n(\ln|z| + i\arg z + i2k\pi)}$$

$$= e^{-n\ln|z|} \cdot e^{-in\arg z} \cdot e^{-i2nk\pi} = \frac{1}{|z|^n} \cdot \frac{1}{e^{in\theta}} \cdot \frac{1}{e^{i2nk\pi}} = \frac{1}{z^n},$$

其中 $e^{2nk\pi i} = 1$.

(4) 当 $\alpha = \dfrac{m}{n}$(m 与 n 为互质的整数,$n > 0$)时,有

$$z^{\frac{m}{n}} = e^{\frac{m}{n}\mathrm{Ln}z} = e^{\frac{m}{n}(\ln|z| + i\theta + i2k\pi)} = e^{\frac{m}{n}\ln|z|} \cdot e^{i\frac{m}{n}(\theta + 2k\pi)}$$

$$= |z|^{\frac{m}{n}} \left[\cos\frac{m}{n}(\theta + 2k\pi) + i\sin\frac{m}{n}(\theta + 2k\pi) \right],$$

当 $k = 0, 1, \cdots, n-1$ 时,有 n 个不同的值.

下面讨论幂函数 $\omega = z^\alpha$ 的解析性.

因为 $\mathrm{Ln}z$ 的各个分支在除去原点和负实轴的复平面内解析,所以 $\omega = z^\alpha$ 的相应分支在除去原点和负实轴的复平面内也解析,且

$$(z^\alpha)' = (e^{\alpha\mathrm{Ln}z})' = e^{\alpha\mathrm{Ln}z} \cdot \alpha\,\frac{1}{z} = \alpha z^{\alpha-1}.$$

说明 (1) 一般幂函数 z^α 与整数次幂函数 z^n 有两点较大的区别:

① z^α 在除去原点与负实轴的复平面内解析,而 z^n 在全平面上解析(当 n 为负整数时除去原点);

② z^α 是无穷多值函数,而 z^n 是单值函数.

(2) z^α 与 $z^{\frac{1}{n}}, z^{\frac{m}{n}}$ 有一点较大的区别:z^α 是无穷多值函数,而 $z^{\frac{1}{n}}, z^{\frac{m}{n}}$ 是 n 值函数.

2.4.4　三角函数

前面应用指数函数定义对数函数、幂函数，现在可否用它定义三角函数. 由欧拉公式 $e^{ix} = \cos x + i\sin x, e^{-ix} = \cos x - i\sin x$ 可得 $\cos x = \dfrac{e^{ix} + e^{-ix}}{2}, \sin x = \dfrac{e^{ix} - e^{-ix}}{2i}$, 于是当实数 x 推广到复数 z 时便得到三角函数的定义.

定义 2.4.4　函数 $\dfrac{e^{iz} + e^{-iz}}{2}$ 和 $\dfrac{e^{iz} - e^{-iz}}{2i}$ 分别称为复变量 z 的余弦函数和正弦函数，记作 $\cos z$ 和 $\sin z$，即

$$\cos z = \frac{e^{iz} + e^{-iz}}{2}, \quad \sin z = \frac{e^{iz} - e^{-iz}}{2i}.$$

例 16　求 $\cos(1+3i)$ 的值.

解　$\cos(1+3i) = \dfrac{e^{i(1+3i)} + e^{-i(1+3i)}}{2} = \dfrac{1}{2}(e^{-3+i} + e^{+3-i})$

$$= \frac{1}{2}\left[e^{-3}(\cos 1 + i\sin 1) + e^{3}(\cos 1 - i\sin 1)\right]$$

$$= \frac{e^{+3} + e^{-3}}{2}\cos 1 - i\frac{e^{3} - e^{-3}}{2}\sin 1 = \text{ch}3\cos 1 - i\text{sh}3\sin 1.$$

这里定义的正弦和余弦函数具有如下性质.

(1) 成立性：对任何复数 z，欧拉公式必成立 $e^{iz} = \cos z + i\sin z$，此式易得，只需将 $\cos z$ 和 $i\sin z$ 代入这里的定义即得.

(2) 奇偶性：$\cos z$ 是偶函数，$\sin z$ 是奇函数，即 $\cos(-z) = \cos z, \sin(-z) = -\sin z$，只需将这里定义的 z 换成 $-z$ 即得.

(3) 周期性：$\cos z$ 和 $\sin z$ 均以 2π 为周期，即 $\cos(z+2\pi) = \cos z, \sin(z+2\pi) = \sin z$.

证　因为 e^{z} 以 $2\pi i$ 为基本周期，所以由定义 2.4.4 可得

$$\cos(z+2\pi) = \frac{e^{i(z+2\pi)} + e^{-i(z+2\pi)}}{2} = \frac{e^{iz} \cdot e^{2\pi i} + e^{-iz} \cdot e^{-2\pi i}}{2} = \frac{e^{iz} + e^{-iz}}{2} = \cos z,$$

同理可证另一式.

(4) 可加性：

$$\cos(z_1 + z_2) = \cos z_1 \cos z_2 - \sin z_1 \sin z_2,$$
$$\sin(z_1 + z_2) = \sin z_1 \cos z_2 + \cos z_1 \sin z_2. \tag{2.11}$$

证　由欧拉公式得 $e^{i(z_1+z_2)} = \cos(z_1+z_2) + i\sin(z_1+z_2)$，而

$$e^{i(z_1+z_2)} = e^{iz_1} \cdot e^{iz_2} = (\cos z_1 + i\sin z_1)(\cos z_2 + i\sin z_2)$$
$$= (\cos z_1 \cos z_2 - \sin z_1 \sin z_2) + i(\sin z_1 \cos z_2 + \sin z_2 \cos z_1),$$

故有

$$\cos(z_1 + z_2) + i\sin(z_1 + z_2)$$

$$=(\cos z_1 \cos z_2 - \sin z_1 \sin z_2) + i(\sin z_1 \cos z_2 + \sin z_2 \cos z_1),$$

用 $-z_1, -z_2$ 分别代换 z_1, z_2 得

$$\cos(z_1 + z_2) - i\sin(z_1 + z_2) = (\cos z_1 \cos z_2 - \sin z_1 \sin z_2) - i(\sin z_1 \cos z_2 + \sin z_2 \cos z_1),$$

上两式相加和相减,分别得

$$\cos(z_1 + z_2) = \cos z_1 \cos z_2 - \sin z_1 \sin z_2, \quad \sin(z_1 + z_2) = \sin z_1 \cos z_2 + \cos z_1 \sin z_2.$$

(5) 恒等性:$\cos^2 z + \sin^2 z = 1$.

证 在(2.11)式的第一个式子中,令 $z_1 = z, z_2 = -z$ 即可证得.

(6) 无界性:在复数域内,下面不等式 $|\cos z| \leqslant 1, |\sin z| \leqslant 1$ 不再成立,并且 $\cos z$ 和 $\sin z$ 是无界的.

证 取 $z = iy(y > 0)$,得

$$\cos iy = \frac{e^{i(iy)} + e^{-i(iy)}}{2} = \frac{e^{-y} + e^{y}}{2} > 1.$$

当 y 充分大时,$\cos iy$ 就可大于预先给定的正数,这就是说 $\cos z$ 是无界的. 同理可验证 $\sin z$ 是无界的.

(7) 零点性:$\sin z$ 仅在 $z = k\pi$ 处为零,$\cos z$ 仅在 $z = k\pi + \dfrac{\pi}{2}$ 处为零,其中 k 为任意整数,即 $\sin z$ 和 $\cos z$ 仅在它们作为实变量函数时的零点处才为零.

(8) 解析性:$\cos z$ 和 $\sin z$ 在复平面内解析,且 $(\cos z)' = -\sin z, (\sin z)' = \cos z$.

证 $(\cos z)' = \left(\dfrac{e^{iz} + e^{-iz}}{2}\right)' = \dfrac{ie^{iz} - ie^{-iz}}{2} = -\dfrac{e^{iz} - e^{-iz}}{2i} = -\sin z.$

同理可证另一个.

说明 当 z 为 $-iy$ 时,由定义 2.4.4 可得

$$\cos iy = \frac{e^{-y} + e^{y}}{2} = \text{ch}y, \quad \sin iy = \frac{e^{-y} - e^{y}}{2i} = i\text{sh}y, \tag{2.12}$$

这两个是常用的公式.

定义 2.4.5 其他复三角函数定义如下:

$$\tan z = \frac{\sin z}{\cos z}, \quad \cot z = \frac{\cos z}{\sin z}, \quad \sec z = \frac{1}{\cos z}, \quad \csc z = \frac{1}{\sin z},$$

分别称为复变量 z 的正切函数、余切函数、正割函数和余割函数.

性质 (1) 解析性:这四个函数均在全平面上使分母不为零的点处解析,且有 $(\tan z)' = \sec^2 z, \quad (\cot z)' = -\csc^2 z, \quad (\sec z)' = \sec z \tan z, \quad (\csc z)' = -\csc z \cot z.$

(2) 周期性:正切函数和余切函数的周期为 π,正割函数和余割函数的周期为 2π.

例如,$\tan z$ 在 $z \neq \left(n + \dfrac{1}{2}\right)\pi(n = 0, \pm 1, \pm 2, \cdots)$ 的各点处解析,且有 $\tan(z+$

π)＝tan$z$,这是因为

$$\tan(z+\pi)=\frac{\sin(z+\pi)}{\cos(z+\pi)}=\frac{-\sin z}{-\cos z}=\tan z.$$

2.4.5 反三角函数

反三角函数是三角函数的反函数,对反三角函数有如下定义.

定义 2.4.6 若 $z＝\sin\omega$,则称 ω 为复变量 z 的反正弦函数,记作 $\omega＝\text{Arcsin}z$. 它的解析表达式为 $\omega＝\text{Arcsin}z＝-\text{iLn}(\text{i}z\pm\sqrt{1-z^2}\,)$.

证 由 $z＝\sin\omega$ 的定义得 $z＝\sin\omega＝\dfrac{\text{e}^{\text{i}\omega}-\text{e}^{-\text{i}\omega}}{2\text{i}}$,即

$$\text{e}^{\text{i}\omega}-2\text{i}z-\text{e}^{-\text{i}\omega}=0,$$
$$(\text{e}^{\text{i}\omega})^2-2\text{i}z\text{e}^{\text{i}\omega}-1=0,$$

它的根为 $\text{e}^{\text{i}\omega}＝\text{i}z\pm\sqrt{1-z^2}$,其中 $\sqrt{1-z^2}$ 包含正负两个值,这里负值参考.

两边取对数,按对数函数定义得反正弦函数的解析表达式为

$$\omega＝\text{Arcsin}z＝-\text{iLn}(\text{i}z+\sqrt{1-z^2}\,). \tag{2.13}$$

说明 (1)由推导可见,反正弦函数是个多值函数.

(2)用同样方法可定义反余弦函数、反正切函数、反余切函数,并可推出它们的解析表达式分别为

$$\text{Arccos}z=-\text{iLn}(z+\sqrt{z^2-1}\,),$$
$$\text{Arctan}z=-\frac{\text{i}}{2}\text{Ln}\,\frac{1+\text{i}z}{1-\text{i}z}=-\frac{\text{i}}{2}\text{Ln}\,\frac{\text{i}-z}{\text{i}+z}, \tag{2.14}$$
$$\text{Arccot}z=-\frac{\text{i}}{2}\text{Ln}\,\frac{z+\text{i}}{z-\text{i}}.$$

它们都是无穷多值函数,均在相应地取其单值连续分支后,并由反函数的求导法则得

$$(\text{Arcsin}z)'=\frac{1}{\sqrt{1-z^2}}, \quad (\text{Arccos}z)'=-\frac{1}{\sqrt{1-z^2}},$$
$$(\text{Arctan}z)'=\frac{1}{1+z^2}, \quad (\text{Arccot}z)'=-\frac{1}{1+z^2}.$$

例 17 求解方程 $\cos z＝0$.

解 由反余弦函数的定义及解析表达式(2.14)得

$$z=\text{Arccos}0=-\text{iLn}(0+\sqrt{0-1}\,)=-\text{i}(\ln|\sqrt{-1}|+\text{i}\text{Arg}\,\sqrt{-1})$$
$$=-\text{i}\Big(\ln|\text{i}|+\text{i}\,\frac{\pi+2k\pi}{2}\Big)=k\pi+\frac{\pi}{2} \quad (k=0,\pm1,\pm2).$$

2.4.6　双曲函数和反双曲函数

在实变量函数里,双曲函数是由指数函数定义的,将它们推广到复数中,便得定义如下.

定义 2.4.7　$\mathrm{ch}z=\dfrac{e^z+e^{-z}}{2}$,$\mathrm{sh}z=\dfrac{e^z-e^{-z}}{2}$ 分别称为双曲余弦函数和双曲正弦函数.

性质　(1) 周期性:因为 e^z 和 e^{-z} 都以 $2\pi i$ 为周期,所以双曲正弦函数和双曲余弦函数也以 $2\pi i$ 为周期.

(2) 奇偶性:$\mathrm{sh}z$ 为奇函数,$\mathrm{ch}z$ 为偶函数.

(3) 解析性:$\mathrm{sh}z$,$\mathrm{ch}z$ 都在复平面内解析,且有 $(\mathrm{sh}z)'=\mathrm{ch}z$,$(\mathrm{ch}z)'=\mathrm{sh}z$.

定义 2.4.8　双曲正切和双曲余切函数定义为

$$\mathrm{th}z=\frac{\mathrm{sh}z}{\mathrm{ch}z}=\frac{e^z-e^{-z}}{e^z+e^{-z}},\quad \mathrm{cth}z=\frac{\mathrm{ch}z}{\mathrm{sh}z}=\frac{e^z+e^{-z}}{e^z-e^{-z}}.$$

说明　(1) 双曲函数与三角函数之间有如下关系:

$$\mathrm{sh}z=-i\sin iz,\quad \mathrm{ch}z=\cos iz,\quad \mathrm{th}z=-i\tan iz,\quad \mathrm{cth}z=i\cot iz.$$

(2) 完全类似于推导反三角函数的方法,可得各反双曲函数的解析表达式:

反双曲正弦函数　$\mathrm{Arcsh}z=\mathrm{Ln}(z+\sqrt{z^2+1})$;

反双曲余弦函数　$\mathrm{Arcch}z=\mathrm{Ln}(z+\sqrt{z^2-1})$;

反双曲正切函数　$\mathrm{Arcth}z=\dfrac{1}{2}\mathrm{Ln}\dfrac{1+z}{1-z}$;

反双曲余切函数　$\mathrm{Arccth}z=\dfrac{1}{2}\mathrm{Ln}\dfrac{z+1}{z-1}$.

小　　结

本章主要介绍解析函数,它实质上是研究复变函数的导数问题. 函数在一点解析比它在一点可导的要求高很多,在一点解析不仅要求在这点可导而且要在其邻域内处处可导,因而在一点处解析与可导是不等价的,而在区域内解析与可导是等价的.

复变量函数的导数定义与实变量函数的导数定义在形式上完全一样,因而实变量函数的一些求导公式、求导法则、可导与连续的关系、可导与可微的关系等全部可以照搬过来,但两者之间也有区别,主要是导数定义中的极限,前者是从各个方向、各个分式 $\Delta z\rightarrow0$,后者是沿 x 轴方向 $\Delta x\rightarrow0$.

解析函数和调和函数之间有密切的关系,解析函数的实部和虚部都是调和函数,且其虚部 v 是实部 u 的共轭调和函数.

复变量函数的初等函数是以指数函数为基础推得的,由指数函数定义对数函数、幂函数、三角函数、反三角函数、双曲函数、反双曲函数.复变量函数的初等函数与实变量函数的初等函数有很多相似之处,也有许多不同之点,需要加以区分.

习　题

1. 用导数定义,求下列函数的导数:

(1) $f(z)=z^2$;   (2) $f(z)=\dfrac{1}{z}$.

2. 判断下列函数在何处可导、何处不可导:

(1) $f(z)=z\mathrm{Re}z$;   (2) $f(z)=x^3-3xy^2+\mathrm{i}(3x^2y-y^3)$.

3. 求证函数 $f(z)=|z|^2$ 除 $z=0$ 外,处处不可导(用 C-R 条件).

4. 指出下列函数的解析区域及奇点,并求出导数:

(1) $f(z)=3-(z+3)^3$;   (2) $f(z)=3z^3+3\mathrm{i}z^2+3\mathrm{i}^2z+3$;

(3) $f(z)=\dfrac{1}{z^3+1}$;   (4) $f(z)=z\mathrm{Re}z-\mathrm{Im}z$.

5. 判断下列函数何处解析、何处不解析:

(1) $f(z)=1-z-2z^2$;   (2) $f(z)=2x^2+5y^2\mathrm{i}$;   (3) $f(z)=\sin x\mathrm{chy}+\mathrm{i}\cos x\mathrm{shy}$.

6. 若 $u(x,y),v(x,y)$ 可导(指偏导数存在),则 $f(z)=u+\mathrm{i}v$ 是否也可导,为什么?

7. 设函数 $f(z)$ 在区域 D 内解析,求证:若 $f(z)$ 满足下列条件之一者,则 $f(z)$ 在 D 内为常数:

(1) $\mathrm{Re}f(z)$ 或 $\mathrm{Im}f(z)$ 在 D 内为常数;   (2) $\overline{f(z)}$ 在 D 内解析;

(3) $\arg f(z)$ 在 D 内是一常数;   (4) $au+bv=c$ (a,b,c 不全为零的实常数);

(5) $|f(z)|$ 为常数.

8. 设函数 $f(z)=x^2+axy+by^2+\mathrm{i}(cx^2+dxy+y^2)$,问常数 a,b,c,d 为何值时,$f(z)$ 在复平面内处处解析?

9. 若 $f(z)=u+\mathrm{i}v$ 是 z 的解析函数,求证:

(1) $\left[\dfrac{\partial}{\partial x}|f(z)|\right]^2+\left[\dfrac{\partial}{\partial y}|f(z)|\right]^2=|f'(z)|^2$;   (2) $\left[\dfrac{\partial^2}{\partial x^2}+\dfrac{\partial^2}{\partial y^2}\right]|f(z)|=4|f'(z)|^2$.

10. 求证 C-R 条件的极坐标形式为

$$\frac{\partial u}{\partial r}=\frac{1}{r}\frac{\partial v}{\partial \theta},\qquad \frac{\partial u}{\partial \theta}=-r\frac{\partial v}{\partial r}.$$

11. 利用 C-R 条件,求证:函数 z^2, e^z, $\cos z$, $\sin z$ 在复平面内解析;而函数 $\overline{z}^2$, $\mathrm{e}^{\overline{z}}$, $\cos\overline{z}$, $\sin\overline{z}$ 不解析.

12. 求证:

(1) $\sin z=\sin x\mathrm{chy}+\mathrm{i}\cos x\mathrm{shy}$;   (2) $\sin\left(\dfrac{\pi}{2}-z\right)=\cos z$;

(3) $\sin 2z = 2\sin z \cos z$.

13. 求下列各式的值：

(1) $e^{-\frac{\pi}{2}i}$；　　　　　　　　　　(2) e^{3+i}；

(3) $\sin(1+i)$；　　　　　　　　　　(4) 3^i；

(5) $(1+i)^i$；　　　　　　　　　　(6) $\ln(3+4i)$；

(7) $\mathrm{Ln}(-3+4i)$；　　　　　　　　(8) $\cos i$.

14. 解下列方程：

(1) $e^z = 1 + \sqrt{3}i$；　　　　　　　　(2) $\mathrm{ch}z = 0$；

(3) $\sin z = 0$；　　　　　　　　　　(4) $\cos z + \sin z = 0$.

15. 求证：

(1) $\mathrm{ch}^2 z - \mathrm{sh}^2 z = 1$；　　　　　　(2) $\mathrm{ch}2z = \mathrm{ch}^2 z + \mathrm{sh}^2 z$；

(3) $\mathrm{sh}(z_1 + z_2) = \mathrm{sh}z_1 \mathrm{ch}z_2 + \mathrm{ch}z_1 \mathrm{sh}z_2$.

16. 求证：$\mathrm{sh}z$ 的反函数为 $\mathrm{Arcsh}z = \mathrm{Ln}(z + \sqrt{z^2+1})$.

17. 求证：$u = x^2 - y^2$ 和 $v = \dfrac{y}{x^2+y^2}$ 都是调和函数，但 $u+iv$ 不是解析函数.

18. 由下列条件求解析函数 $f(z) = u+iv$：

(1) $u(x,y) = x^2 - y^2 + xy, f(0) = 0$；　　(2) $u(x,y) = 2(x-1)y, f(0) = -i$；

(3) $u(x,y) = e^x(x\cos y - y\sin y), f(0) = 0$；　(4) $v(x,y) = x^2 - y^2, f(0) = i$.

19. 设 $v = e^{Px}\sin y$，求 P 的值使 v 为调和函数，并求出解析函数 $f(z) = u+iv$.

20. 当 a,b,c 满足什么条件时，$v = ax^2 + 2bxy + cy^2$ 为调和函数，并求出调和函数 $u, f(z)$，使 $f(z) = u+iv$ 为调和函数.

第 3 章 复变函数的积分

复变函数的积分(简称为复积分)是研究解析函数的一个重要工具. 本章介绍复积分的概念, 研究复积分的性质和计算. 特别要引出柯西定理及由它推广的复合闭路定理. 利用复积分, 还将得到柯西积分公式, 并得出解析函数的导数仍为解析函数这一重要结论.

3.1 复积分的概念

3.1.1 复积分的定义

为叙述简便起见, 今后所提到的曲线(除特别声明外)都是指光滑的或分段光滑的曲线. 类似于实变量函数中曲线积分的定义方法可以定义复积分.

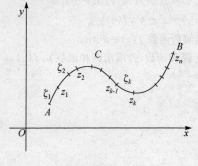

图 3.1

定义 3.1.1 设 C 为复平面内以 A 为起点、B 为终点的曲线. 将曲线 C 任意分为 n 个小弧段, 设分点为

$$A = z_0, z_1, \cdots, z_n = B$$

在每一小弧段 $\overparen{z_{k-1} z_k}$ 上任取一点 ζ_k (图 3.1), 并作和式

$$S_n = \sum_{k=1}^{n} f(\zeta_k) \Delta z_k, \qquad (3.1)$$

其中 $\Delta z_k = z_k - z_{k-1}$, 记 $\Delta S_k = \overparen{z_{k-1} z_k}$, $\delta = \max\limits_{1 \leqslant k \leqslant n} \{\Delta S_k\}$, 当 n 无限增加, 且 $\delta \to 0$, 若不论对 C 的分法及 ζ_k 的取法如何, 和式 S_n 都存在唯一极限, 则称这个极限值为函数 $f(z)$ 沿曲线 C 的积分, 记为

$$\int_C f(z) \mathrm{d}z = \lim_{n \to \infty} \sum_{k=1}^{n} f(\zeta_k) \Delta z_k. \qquad (3.2)$$

$\int_C f(z) \mathrm{d}z$ 表示沿 C 的正向(由 A 到 B)的积分; $\int_{C^-} f(z) \mathrm{d}z$ 表示沿 C 的负向(由 B 到 A)的积分; 若 C 为闭曲线, 则规定正向为逆时针方向, 并记为 $\oint_C f(z) \mathrm{d}z$.

3.1.2 复积分的计算

1. 复积分化为曲线积分来计算

定理 3.1.1 设函数 $f(z)=u(x,y)+iv(x,y)$ 在曲线 C 上连续,则 $f(z)$ 沿 C 可积,且有

$$\int_C f(z)\mathrm{d}z = \int_C u\mathrm{d}x - v\mathrm{d}y + i\int_C v\mathrm{d}x + u\mathrm{d}y. \tag{3.3}$$

证 设 $z_k=x_k+iy_k$,$\zeta_k=\xi_k+i\eta_k$,$\Delta z_k=\Delta x_k+i\Delta y_k$,由(3.1)式得

$$\sum_{k=1}^n f(\zeta_k)\Delta z_k = \sum_{k=1}^n [u(\xi_k,\eta_k)+iv(\xi_k,\eta_k)](\Delta x_k+i\Delta y_k)$$

$$= \sum_{k=1}^n [u(\xi_k,\eta_k)\Delta x_k - v(\xi_k,\eta_k)\Delta y_k] + i\sum_{k=1}^n [v(\xi_k,\eta_k)\Delta x_k + u(\xi_k,\eta_k)\Delta y_k].$$

因为 $f(z)$ 在 C 上连续,所以 u,v 在 C 上也连续. 当 $\delta \to 0$ 时,$\max_{1\leqslant k\leqslant n}|\Delta x_k| \to 0$ 及 $\max_{1\leqslant k\leqslant n}|\Delta y_k| \to 0$,故上式极限存在,且有

$$\int_C f(z)\mathrm{d}z = \int_C u\mathrm{d}x - v\mathrm{d}y + i\int_C v\mathrm{d}x + u\mathrm{d}y,$$

因而(3.3)式成立.

在形式上(3.3)式可看成 $f(z)=u+iv$ 和 $\mathrm{d}z=\mathrm{d}x+i\mathrm{d}y$ 的乘积的积分:

$$\int_C f(z)\mathrm{d}z = \int_C (u+iv)(\mathrm{d}x+i\mathrm{d}y) = \int_C u\mathrm{d}x + iu\mathrm{d}y + iv\mathrm{d}x - v\mathrm{d}y$$

$$= \int_C u\mathrm{d}x - v\mathrm{d}y + i\int_C v\mathrm{d}x + u\mathrm{d}y,$$

则此公式比较容易记住.

说明 (1) 若 $f(z)$ 在曲线 C 上连续,则积分 $\int_C f(z)\mathrm{d}z$ 必存在;

(2) 复积分 $\int_C f(z)\mathrm{d}z$ 可通过两个函数 u,v 的曲线积分计算.

例 1 计算 $\int_C \mathrm{Re}z\mathrm{d}z$,其中 C 为从原点到点 $z_1=2$ 的直线段 C_1,再从 z_1 到 $z_2=2+i$ 的直线段 C_2 所组成的折线.

解 由题意得 $u=\mathrm{Re}z=x$,$v=0$. 沿 $C_1:y=0(0\leqslant x\leqslant 2)$,$\mathrm{d}y=0$,沿 $C_2:x=2(0\leqslant y\leqslant 1)$,$\mathrm{d}x=0$.

由(3.3)式知

$$\int_C \mathrm{Re}z\mathrm{d}z = \int_{C_1} x\mathrm{d}z + \int_{C_2} x\mathrm{d}z = \int_0^2 x\mathrm{d}x + i\int_0^1 2\mathrm{d}y$$

$$= \frac{1}{2}x^2\Big|_0^2 + i2y\Big|_0^1 = 2+2i.$$

说明 这里用到本节复积分的基本性质.

2. 复积分化为以参数形式给出的积分来计算

定理 3.1.2　若曲线 C 由参数 t 给出 $C: z=x(t)+iy(t)(\alpha\leqslant t\leqslant\beta)$，且规定 t 的增加方向为曲线正向，则

$$\int_C f(z)\mathrm{d}z=\int_\alpha^\beta f[z(t)]z'(t)\mathrm{d}t. \tag{3.4}$$

证　将 $z=x(t)+iy(t)$ 代入 (3.3) 式得

$$\int_C f(z)\mathrm{d}z=\int_\alpha^\beta\{u[x(t),y(t)]x'(t)-v[x(t),y(t)]y'(t)\}\mathrm{d}t$$
$$+i\int_\alpha^\beta\{v[x(t),y(t)]x'(t)+u[x(t),y(t)]y'(t)\}\mathrm{d}t$$
$$=\int_\alpha^\beta\{u[x(t),y(t)]+iv[x(t),y(t)]\}[x'(t)+iy'(t)]\mathrm{d}t$$
$$=\int_\alpha^\beta f[z(t)]z'(t)\mathrm{d}t.$$

说明　要用 (3.4) 式求复积分，则要将曲线 C 以参数方程给出．一般是根据曲线的直角坐标方程确定其参数方程，其实部和虚部均用参数 t 表示．有时可用极坐标给出参数方程．

例 2　计算积分 $\int_C z^2\mathrm{d}z$，其中曲线 C 为：

(1) 由点 $(0,0)$ 到点 $(2,1)$ 的直线段；

(2) 由点 $(0,0)$ 到点 $(2,0)$ 的直线段 C_1，再由点 $(2,0)$ 到点 $(2,1)$ 的直线段 C_2 所组成的折线．

解　(1) $x=2t,y=t(0\leqslant t\leqslant1)$，则 $z=2t+it=(2+i)t$，

$$\int_C z^2\mathrm{d}z=\int_0^1(2+i)^2t^2\mathrm{d}[(2+i)t]=(2+i)^3\int_0^1t^2\mathrm{d}t=\frac{1}{3}(2+i)^3=\frac{1}{3}(2+11i).$$

(2) $C_1: x=2t(0\leqslant t\leqslant1),y=0;C_2: x=2,y=t(0\leqslant t\leqslant1)$，

$$\int_C z^2\mathrm{d}z=\int_{C_1}z^2\mathrm{d}z+\int_{C_2}z^2\mathrm{d}z=\int_0^1(2t)^2d(2t)+\int_0^1(2+it)^2d(2+it)$$
$$=8\int_0^1t^2\mathrm{d}t+i\int_0^1(2+it)^2\mathrm{d}t=\frac{8}{3}+i\int_0^1(4+4it-t^2)\mathrm{d}t$$
$$=\frac{8}{3}+i\left(4+2i-\frac{1}{3}\right)=\frac{1}{3}(2+11i).$$

例 3　计算积分 $I=\oint_C\frac{1}{(z-z_0)^{n+1}}\mathrm{d}z$，其中 C 是以 z_0 为中心、r 为半径的正向圆周，n 为整数．

解　圆周 C 的参数方程为 $z=z_0+re^{i\theta}(0\leqslant\theta\leqslant2\pi)$，则

$$I = \int_0^{2\pi} \frac{1}{r^{n+1} e^{i(n+1)\theta}} d(z_0 + re^{i\theta}) = \int_0^{2\pi} \frac{rie^{i\theta}}{r^{n+1} e^{i(n+1)\theta}} d\theta = \int_0^{2\pi} \frac{i}{r^n e^{in\theta}} d\theta = i \int_0^{2\pi} \frac{1}{r^n} e^{-in\theta} d\theta.$$

当 $n=0$ 时，$I = \int_0^{2\pi} id\theta = 2\pi i$；

当 $n \neq 0$ 时，$I = \frac{i}{r^n} \int_0^{2\pi} e^{-in\theta} d\theta = \frac{i}{r^n} \int_0^{2\pi} (\cos n\theta - i\sin n\theta) d\theta = 0.$

因此

$$I = \oint_C \frac{1}{(z-z_0)^{n+1}} dz = \begin{cases} 2\pi i, & n = 0, \\ 0, & n \neq 0. \end{cases} \tag{3.5}$$

特别地,若 $C: |z| = r$,则

$$\begin{cases} I = \oint_C \frac{1}{z} dz = 2\pi i, \\ I = \oint_C \frac{1}{z^{n+1}} dz = 0 \quad (n \neq 0). \end{cases} \tag{3.6}$$

说明 此结果很重要,可作为公式常被应用.

例 4 设 $C: |z| = 1$ 上半圆周的正向,求

(1) $\int_C (z-1) |dz|$; (2) $\int_C |z-1| |dz|$.

解 由 $|z| = 1$ 可设 $z = e^{i\theta} (0 \leqslant \theta \leqslant \pi)$, $dz = ie^{i\theta} d\theta$, $|dz| = d\theta$.

(1) $\int_C (z-1) |dz| = \int_0^{\pi} (e^{i\theta} - 1) d\theta = \int_0^{\pi} (\cos\theta + i\sin\theta - 1) d\theta = 2i - \pi.$

(2) $\int_C |z-1| |dz| = \int_0^{\pi} |e^{i\theta} - 1| d\theta$

$$= \int_0^{\pi} \sqrt{(\cos\theta - 1)^2 + \sin^2\theta} d\theta = \int_0^{\pi} \sqrt{2 - 2\cos\theta} d\theta$$

$$= \int_0^{\pi} \sqrt{4\sin^2\frac{\theta}{2}} d\theta = 2 \int_0^{\pi} \sin\frac{\theta}{2} d\theta = 4.$$

3.1.3 复积分的基本性质

复积分与实变量函数的定积分有相类似的基本性质.

(1) $\int_C f(z) dz = -\int_{C^-} f(z) dz.$

(2) $\int_C kf(z) dz = k \int_C f(z) dz, k$ 为复常数.

(3) $\int_C [f_1(z) \pm f_2(z)] dz = \int_C f_1(z) dz \pm \int_C f_2(z) dz.$

(4) $\int_C f(z) dz = \int_{C_1} f(z) dz + \int_{C_2} f(z) dz,$ 其中 C 由 C_1 和 C_2 所组成.

(5) $\left|\int_C f(z)\mathrm{d}z\right|\leqslant\int_C|f(z)|\mathrm{d}s$,其中$\int_C|f(z)|\mathrm{d}s$ 为连续函数 $|f(z)|$ 沿曲线 C 的曲线积分.

证　性质(1)~(4)的证明按照复积分的定义很容易得到. 现证明性质(5). 事实上,因 $|\Delta z_k|$ 是两点距离,ΔS_k 是两点间的弧长,则 $|\Delta z_k|\leqslant\Delta S_k$,而

$$\left|\sum_{k=1}^n f(\zeta_k)\Delta z_k\right|\leqslant\sum_{k=1}^n|f(\zeta_k)||\Delta z_k|\leqslant\sum_{k=1}^n|f(\zeta_k)|\Delta S_k,$$

两边取极限得 $\left|\int_C f(z)\mathrm{d}z\right|\leqslant\int_C|f(z)|\mathrm{d}s$.

例 5　求证(1) $\left|\int_C(x^2+\mathrm{i}y^2)\mathrm{d}z\right|\leqslant 2$,其中 C 为连接 $-\mathrm{i}$ 到 i 的直线段;

(2) $\left|\int_C\dfrac{1}{z^2}\mathrm{d}z\right|<1$,其中 C 为连接 i 到 $1+\mathrm{i}$ 的直线段.

证　(1) 曲线 C 的方程为 $z=\mathrm{i}y(-1\leqslant y\leqslant 1)$,故

$$\left|\int_C(x^2+\mathrm{i}y^2)\mathrm{d}z\right|=\left|\int_{-1}^1\mathrm{i}y^2\mathrm{d}(\mathrm{i}y)\right|\leqslant\int_{-1}^1|-y^2\mathrm{d}y|\leqslant 2\int_0^1 y^2\mathrm{d}y\leqslant 2\int_0^1\mathrm{d}y=2.$$

(2) 曲线 C 的方程为 $z=x+\mathrm{i}(0\leqslant x\leqslant 1)$,故

$$\left|\int_C\frac{1}{z^2}\mathrm{d}z\right|=\int_0^1\frac{1}{(x+\mathrm{i})^2}\mathrm{d}(x+\mathrm{i})\leqslant\int_0^1\frac{1}{|x+\mathrm{i}|^2}\mathrm{d}x=\int_0^1\frac{1}{x^2+1}\mathrm{d}x=\frac{\pi}{4}<1.$$

3.2　柯 西 定 理

由 3.1 节例子发现,有的积分与路径有关,而有的积分与路径无关,为什么会产生这样的情况呢?

1825 年柯西给出定理回答了上面的问题,这个定理是复变函数的理论基础.

定理 3.2.1(柯西定理)　设函数 $f(z)$ 在单连通区域 D 内解析,C 为 D 内任一闭曲线,则

$$\oint_C f(z)\mathrm{d}z=0. \tag{3.7}$$

这个定理的证明较为复杂,1851 年黎曼在附加条件"$f'(z)$ 在 D 内连续"下给出了其简单证明.

设 $f(z)=u+\mathrm{i}v$,则 $\int_C f(z)\mathrm{d}z=\int_C u\mathrm{d}x-v\mathrm{d}y+\mathrm{i}\int_C v\mathrm{d}x+u\mathrm{d}y$,$f(z)$ 在 D 内解析,且 $f'(z)$ 在 D 内连续,则 u,v 在 D 内有连续的一阶偏导数,且满足 C-R 条件,故由格林(Green)公式,有

$$\oint_C u\mathrm{d}x-v\mathrm{d}y=\iint_G\left(-\frac{\partial v}{\partial x}-\frac{\partial u}{\partial y}\right)\mathrm{d}x\mathrm{d}y=0,\quad\oint_C v\mathrm{d}x+u\mathrm{d}y=\iint_G\left(\frac{\partial u}{\partial x}-\frac{\partial v}{\partial y}\right)\mathrm{d}x\mathrm{d}y=0,$$

其中 C 围成的区域为 G,于是 $\oint_C f(z)\mathrm{d}z = 0$.

说明 (1) 古尔萨(Goursat)于 1900 年指出 $f'(z)$ 连续的假设是不必要的,只要 $f(z)$ 在区域 D 内解析即可,故此定理也称为柯西-古尔萨定理.

(2) 由柯西定理可得如下推论.

推论 3.2.1 若函数 $f(z)$ 在单连通区域 D 内解析,在闭域 $\overline{D}$ 上连续,则

$$\oint_C f(z)\mathrm{d}z = 0.$$

根据推论,只需考虑 $f(z)$ 在 C 内解析,C 上连续,沿曲线 C 的积分就等于 0.

推论 3.2.2 设函数 $f(z)$ 在单连通区域内解析,则积分 $\int_C f(z)\mathrm{d}z$ 只与曲线 C 的起点和终点有关,而与曲线 C 无关.

例 6 求证 $\oint_C \dfrac{1}{z+3}\mathrm{d}z = 0,C_:|z|=1$.

证 因不连续点 $z=-3$ 在圆 C 外,故 $f(z)=\dfrac{1}{z+3}$ 在圆 C 内解析,在 C 上连续,则 $\oint_C \dfrac{1}{z+3}\mathrm{d}z = 0$.

例 7 求证 $\oint_C \dfrac{1}{\sin z-1}\mathrm{d}z = 0,C_:|z|=1$.

证 因不连续点 $z=\dfrac{\pi}{2}$ 在圆 C 外,故 $f(z)=\dfrac{1}{\sin z-1}$ 在圆 C 内解析,在圆 C 上连续,则 $\oint_C \dfrac{1}{\sin z-1}\mathrm{d}z = 0$.

3.3 复合闭路原理

前面是在单连通区域上研究柯西定理,对于多连通区域柯西定理如何应用,就是这里要讨论的课题.

说明 闭曲线正向(逆时针方向)还可理解为:沿曲线 C 正向走,C 的内部点在其左手边.

定理 3.3.1 设 C_1,C_2 是两条简单闭曲线,$f(z)$ 在由 C_1 和 C_2 所围成的区域 D 内解析,在闭域 $\overline{D}$ 上连续,则

$$\oint_{C_1} f(z)\mathrm{d}z = \oint_{C_2} f(z)\mathrm{d}z. \tag{3.8}$$

证 在 D 内作两条直线段 AA',BB',分别与曲线 C_1,C_2 相连,将 D 分成两个单连

通区域 D_1,D_2,D_1 的边界为 $AEBB'E'A'A$,记为 L_1 ; D_2 的边界为 $AA'F'B'BFA$,记为 L_2 ,见图 3.2. 由假设 $f(z)$ 在 D_1,D_2 内解析,在 $\overline{D}_1,\overline{D}_2$ 上连续,由推论 3.2.1 得

$$\oint_{L_1} f(z)\mathrm{d}z = 0, \quad \oint_{L_2} f(z)\mathrm{d}z = 0, \tag{3.9}$$

由于

$$\int_{AA'} f(z)\mathrm{d}z = -\int_{A'A} f(z)\mathrm{d}z, \quad \int_{BB'} f(z)\mathrm{d}z = -\int_{B'B} f(z)\mathrm{d}z,$$

将(3.9)式两个等式两边相加,并将相反方向积分部分抵消得

$$\oint_{C_1} f(z)\mathrm{d}z + \oint_{C_2^-} f(z)\mathrm{d}z = 0, \tag{3.10}$$

即(3.8)式成立.

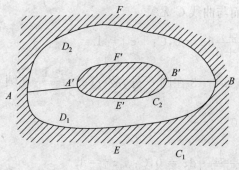

图 3.2

说明　(1) 解析函数 $f(z)$ 沿闭曲线积分,不会因曲线在区域内连续变形而改变积分值,(3.8)式这一事实,称为闭路变形原理.

例如,(3.5)式积分 $\oint_C \dfrac{1}{z-z_0}\mathrm{d}z = 2\pi\mathrm{i}$, C 是以 z_0 为中心的正向圆周,则根据闭路变形原理,对于包含 z_0 在内的任一正向简单闭曲线 C ,有其积分 $\oint_C \dfrac{1}{z-z_0}\mathrm{d}z = 2\pi\mathrm{i}$,其中 z_0 为曲线 C 内的不解析点(即奇点). 现求 $\oint_C \dfrac{1}{z+1}\mathrm{d}z$, C : $|z|=3$,据闭路变形原理可有 $\oint_{|z|=3} \dfrac{1}{z+1}\mathrm{d}z = \oint_{|z+1|=1} \dfrac{1}{z+1}\mathrm{d}z = 2\pi\mathrm{i}$. 此题如果直接计算将是很困难的.

(2) 若将定理中的区域 D 的边界记为 L ,即 $L = C_1 + C_2^-$,称 L 为复合闭路,由(3.10)式得

$$\oint_L f(z)\mathrm{d}z = 0, \tag{3.11}$$

L 的正向为:在 C_1 上的方向为逆时针方向,在 C_2 上的方向为顺时针方向,即沿 L

的正向走,L 所围成区域总在左手边.

（3）用证明定理的方法,可证得以下推论.

推论 3.3.1（复合闭路定理）　设区域 D
（图 3.3 不含阴影部分）的边界 $L = C + C_1^- + C_2^-$
$+ C_3^-$,$f(z)$ 在 D 内解析,闭域 $\overline{D}$ 上连续,则

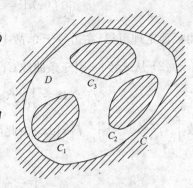

图 3.3

① $\oint_L f(z)\mathrm{d}z = 0$, 其中 C, C_1, C_2, C_3 均为

正向简单闭曲线,即逆时针方向.

② $\oint_C f(z)\mathrm{d}z = \sum_{i=1}^{3} \oint_{C_i} f(z)\mathrm{d}z.$

说明　曲线 C 所围的 C_i 曲线,若超过三个
时结论仍成立,只要曲线 C_i 互不相交、互不包含、均在 C 内即可,则

$$\oint_C f(z)\mathrm{d}z = \sum_{i=1}^{n} \oint_{C_i} f(z)\mathrm{d}z. \tag{3.12}$$

例 8　求积分 $\oint_C \dfrac{1}{z^2 - z}\mathrm{d}z$ 的值,其中 C 为含 $|z| = 1$ 在内的任何正向闭曲线.

解　$z = 0$ 和 $z = 1$ 为被积分函数的奇点,分别以 $z = 0$ 和 $z = 1$ 为圆作两个圆
周 C_1 和 C_2（C_1, C_2 互不相交、互不包含,均在 C 内）,则

$$\begin{aligned}
\oint_C \frac{1}{z^2 - z}\mathrm{d}z &= \oint_{C_1} \frac{1}{z^2 - z}\mathrm{d}z + \oint_{C_2} \frac{1}{z^2 - z}\mathrm{d}z \\
&= \oint_{C_1} \left(\frac{1}{z-1} - \frac{1}{z}\right)\mathrm{d}z + \oint_{C_2} \left(\frac{1}{z-1} - \frac{1}{z}\right)\mathrm{d}z \\
&= 0 - 2\pi\mathrm{i} + 2\pi\mathrm{i} - 0 = 0,
\end{aligned}$$

其中 $\oint_{C_1} \dfrac{1}{z-1}\mathrm{d}z = 0$, 因 $\dfrac{1}{z-1}$ 在 C_1 内为解析; $\oint_{C_2} \dfrac{1}{z}\mathrm{d}z = 0$, 因 $\dfrac{1}{z}$ 在 C_2 内解析,均
可用柯西定理.

3.4　原函数与不定积分

3.4.1　复积分与路径无关的条件

由柯西定理很易推出复积分与路径无关的条件.

定理 3.4.1　若 $f(z)$ 在单连通区域 D 内解析,C 是 D 内曲线 ,则 $\int_C f(z)\mathrm{d}z$
与路径无关,仅与起点和终点有关.

证　设起点 z_0 和终点 z 均在 D 内,分两种情况加以证之.

（1）从 z_0 到 z 引两条曲线 C_1 和 C_2（图 3.4(a)）,$C = C_1 + C_2^-$,则

$$\oint_C f(z)\mathrm{d}z = \int_{C_1} f(z)\mathrm{d}z + \int_{C_2^-} f(z)\mathrm{d}z,$$

由柯西定理可得,左边等于 0,故 $\int_{C_1} f(z)\mathrm{d}z = \int_{C_2} f(z)\mathrm{d}z.$

（2）从 z_0 到 z 引三条曲线 C_1,C_2,C_3（图 3.4(b)),由(1)可知

$$\int_{C_1} f(z)\mathrm{d}z = \int_{C_3} f(z)\mathrm{d}z, \quad \int_{C_2} f(z)\mathrm{d}z = \int_{C_3} f(z)\mathrm{d}z,$$

故 $\int_{C_1} f(z)\mathrm{d}z = \int_{C_2} f(z)\mathrm{d}z$,由此可见,沿不同路径,积分值均相同.

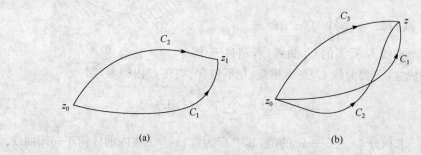

图 3.4

3.4.2　原函数与不定积分

当起点 z_0 固定,积分 $\int_C f(z)\mathrm{d}z$ 就在 D 内定义了一个以 C 的终点 z 为变量的单值函数,记为 $F(z) = \int_{z_0}^{z} f(\zeta)\mathrm{d}\zeta.$

对于这个积分有下述结论.

定理 3.4.2　设 $f(z)$ 在单连通区域 D 内解析,则 $F(z)$ 是 D 内的解析函数,且 $F'(z)=f(z).$

证　取 D 内任意两点 z 和 $z+\Delta z$,并连接 z 到 $z+\Delta z$ 的直线段(图 3.5).由积分与路径无关得

$$F(z+\Delta z) - F(z) = \int_{z_0}^{z+\Delta z} f(\zeta)\mathrm{d}\zeta - \int_{z_0}^{z} f(\zeta)\mathrm{d}\zeta = \int_{z}^{z+\Delta z} f(\zeta)\mathrm{d}\zeta,$$

由于 $f(z) = f(z)\dfrac{1}{\Delta z}\int_{z}^{z+\Delta z}\mathrm{d}\zeta = \dfrac{1}{\Delta z}\int_{z}^{z+\Delta z} f(z)\mathrm{d}\zeta$,故有

$$\frac{F(z+\Delta z) - F(z)}{\Delta z} - f(z) = \frac{1}{\Delta z}\int_{z}^{z+\Delta z}[f(\zeta) - f(z)]\mathrm{d}\zeta.$$

因为 $f(z)$ 在 D 内解析,所以 $f(z)$ 在 D 内连续,即任给 $\varepsilon>0$,存在 $\delta>0$,当 $|\zeta-z|<\delta$ 时,有 $|f(\zeta)-f(z)|<\varepsilon$,则当 $|\Delta z|<\delta$ 时有

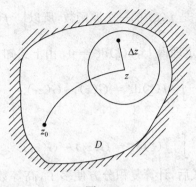

图 3.5

$$\left|\frac{F(z+\Delta z)-F(z)}{\Delta z}-f(z)\right|<\frac{1}{|\Delta z|}\cdot\varepsilon\cdot|\Delta z|=\varepsilon,$$

于是 $F'(z)=f(z)$. 由 z 在 D 内的任意性, 可得 $F(z)$ 在 D 内解析.

说明 这个定理只用到两个事实: ① $f(z)$ 在 D 内连续; ② $f(z)$ 沿 D 内任一闭曲线积分为零. 因此有更一般的定理: 设函数 $f(z)$ 在单连通区域 D 内连续, 且 $f(z)$ 沿 D 内任一闭曲线的积分值为零, 则对 D 内任意两点 z_0 和 z, $F(z)=\int_{z_0}^{z}f(\zeta)\mathrm{d}\zeta$ 是 D 内的解析函数, 且有 $F'(z)=f(z)$.

下面给出原函数与不定积分的定义.

定义 3.4.1 若函数 $F(z)$ 在区域 D 内的导数等于 $f(z)$, 即 $F'(z)=f(z)$, 称 $F(z)$ 为 $f(z)$ 的原函数.

性质 若 $F(z)$ 和 $G(z)$ 都是 $f(z)$ 的原函数, 则

$$[F(z)-G(z)]'=F'(z)-G'(z)=f(z)-f(z)=0,$$

因而

$$F(z)-G(z)=C \quad (C\text{ 为常数}). \tag{3.13}$$

说明 $f(z)$ 的两个原函数之间相差一个常数.

定义 3.4.2 若 $F(z)$ 为 $f(z)$ 的一个原函数, 则 $F(z)+C$ 就是全体原函数, 且称为 $f(z)$ 的不定积分, 记为

$$\int f(z)\mathrm{d}z=F(z)+C. \tag{3.14}$$

说明 运用任两个原函数相差一个常数的这一事实, 可以推出类似于牛顿-莱布尼茨公式的解析函数积分的计算公式.

定理 3.4.3 设 z_1, z_2 为单连通区域 D 内任两点, $f(z)$ 在 D 内解析, $G(z)$ 是 $f(z)$ 的一个原函数, 则 $\int_{z_1}^{z_2}f(z)\mathrm{d}z=G(z_2)-G(z_1)$.

证 因为 $\int_{z_0}^z f(\zeta)\mathrm{d}\zeta$ 是 $f(\zeta)$ 的一个原函数,所以 $\int_{z_0}^z f(\zeta)\mathrm{d}\zeta = G(z)+C.$

当 $z=z_1$ 时,据柯西定理得 $\int_{z_1}^{z_1} f(\zeta)\mathrm{d}\zeta = 0$,由上式知 $C=-G(z_1)$,故有

$$\int_{z_1}^z f(\zeta)\mathrm{d}\zeta = G(z)-G(z_1).$$

令 $z=z_2$ 得

$$\int_{z_1}^{z_2} f(\zeta)\mathrm{d}\zeta = G(z_2)-G(z_1). \tag{3.15}$$

说明 有了(3.15)式后,计算复积分方便多了,高等数学中的求积分方法,可以照搬过来使用.

例 9 求 $\int_0^{1+i} z\mathrm{d}z.$

解 $\int_0^{1+i} z\mathrm{d}z = \frac{1}{2}z^2 \Big|_0^{1+i} = \frac{1}{2}(1+i)^2 = i.$

例 10 求 $\int_0^i z\cos z\mathrm{d}z.$

解 先求 $z\cos z$ 的原函数,用分部积分法,

$$\int z\cos z\mathrm{d}z = \int z\mathrm{d}\sin z = z\sin z - \int \sin z\mathrm{d}z = z\sin z + \cos z + C,$$

按(3.15)式有

$$\int_0^i z\cos z\mathrm{d}z = (z\sin z + \cos z)\Big|_0^i = i\sin i + \cos i - 1$$

$$= i\frac{e^{i^2}-e^{-i^2}}{2i} + \frac{e^{i^2}+e^{-i^2}}{2} - 1 = e^{-1}-1.$$

例 11 求 $\int_1^z \frac{1}{\zeta}\mathrm{d}\zeta$,其中 $\frac{1}{z}$ 在 $-\pi<\arg z<\pi$ 内有定义.

解 由定义域知:①原函数取主值;②在定义域内除原点和负实轴外,故 $\frac{1}{\zeta}$ 在

定义域上解析,则 $\int_1^z \frac{1}{\zeta}\mathrm{d}\zeta = \ln\zeta\Big|_1^z = \ln z - \ln 1 = \ln|z| + i\arg z.$

3.5 柯西积分公式

在许多实际问题中,常常会遇到这种情况:由解析函数在区域边界上的值确定在区域内的值,本节所讨论的柯西积分公式就刻画其这种性质.

定理 3.5.1 设 $f(z)$ 在闭曲线 C 围成的区域 D 内解析,在闭域 $\overline{D}$ 上连续,则

$$f(z_0) = \frac{1}{2\pi i} \oint_C \frac{f(z)}{z - z_0} dz \quad (z_0 \in D) \tag{3.16}$$

证 作一个以 z_0 为圆心、充分小 ρ 为半径的圆周 K，得

$$\oint_C \frac{f(z)}{z - z_0} dz = \oint_K \frac{f(z)}{z - z_0} dz, \tag{3.17}$$

而

$$\oint_K \frac{f(z)}{z - z_0} dz = \oint_K \frac{f(z_0) + f(z) - f(z_0)}{z - z_0} dz$$

$$= f(z_0) \oint_K \frac{1}{z - z_0} dz + \oint_K \frac{f(z) - f(z_0)}{z - z_0} dz$$

$$= f(z_0) \cdot 2\pi i + \oint_K \frac{f(z) - f(z_0)}{z - z_0} dz.$$

因为函数 $f(z)$ 在 D 内连续，所以对任给 $\varepsilon > 0$，存在 $\delta > 0$，当 $0 < \rho < \delta$ 时，有 $|f(z) - f(z_0)| < \varepsilon$，故由积分性质(5)得

$$\left| \oint_K \frac{f(z) - f(z_0)}{z - z_0} dz \right| \leqslant \oint_K \frac{|f(z) - f(z_0)|}{|z - z_0|} ds < \frac{\varepsilon}{\rho} \oint_K ds = 2\pi\varepsilon,$$

因此

$$\left| \oint_C \frac{f(z) - f(z_0)}{z - z_0} dz - f(z_0) \cdot 2\pi i \right| < 2\pi\varepsilon,$$

即(3.16)式成立.

说明 (1) (3.16)式称为柯西积分公式.

(2) 复积分可由区域内的函数值表示，这不仅提供了计算一些复积分的简便方法，而且给出了解析函数的一个积分表达式，因此柯西积分公式常写成

$$\oint_C \frac{f(z)}{z - z_0} dz = 2\pi i \cdot f(z_0).$$

(3) 柯西积分公式和柯西定理一样，可推广到多连通区域的情况.

(4) 由柯西积分公式得到下面的平均值公式.

推论 3.5.1 设函数 $f(z)$ 在 $|z - z_0| < R$ 内解析，在 $|z - z_0| \leqslant R$ 上连续，则

$$f(z_0) = \frac{1}{2\pi} \int_0^{2\pi} f(z_0 + re^{i\theta}) d\theta, \quad 0 < r \leqslant R.$$

证 令 $z - z_0 = re^{i\theta} (0 \leqslant \theta \leqslant 2\pi)$，则 $dz = ire^{i\theta} d\theta$，将其代入柯西积分公式得

$$f(z_0) = \frac{1}{2\pi i} \int_{|z - z_0| = R} \frac{f(z)}{z - z_0} dz, \quad 0 < r \leqslant R,$$

则得 $f(z_0) = \frac{1}{2\pi i} \int_0^{2\pi} \frac{f(z_0 + re^{i\theta})}{re^{i\theta}} ire^{i\theta} d\theta = \frac{1}{2\pi} \int_0^{2\pi} f(z_0 + re^{i\theta}) d\theta.$

说明 此公式称为解析函数的平均值公式，它表示解析函数在任意一个圆周

$|z-z_0|=r$ 上的积分平均值等于它在圆心的值.

例 12　求下列积分的值.

$$(1)\oint_{|z|=1}\frac{\sin z}{z}\mathrm{d}z;\qquad\qquad\qquad(2)\oint_{|z|=2}\frac{\mathrm{e}^z}{z^2+1}\mathrm{d}z.$$

解　(1) 应用柯西积分公式 $f(z)=\sin z, z_0=0,$

$$\oint_{|z|=1}\frac{\sin z}{z}\mathrm{d}z=2\pi\mathrm{i}\cdot\sin z\,|_{z=0}=0.$$

(2) 分别以 $z=\mathrm{i}$ 和 $z=-\mathrm{i}$ 为圆心作两个小圆周 C_1 和 C_2,则

$$\oint_{|z|=2}\frac{\mathrm{e}^z}{z^2+1}\mathrm{d}z=\oint_{C_1}\frac{\mathrm{e}^z}{z^2+1}\mathrm{d}z+\oint_{C_2}\frac{\mathrm{e}^z}{z^2+1}\mathrm{d}z=\oint_{C_1}\frac{\dfrac{\mathrm{e}^z}{z+\mathrm{i}}}{z-\mathrm{i}}\mathrm{d}z+\oint_{C_2}\frac{\dfrac{\mathrm{e}^z}{z-\mathrm{i}}}{z+\mathrm{i}}\mathrm{d}z$$

$$=2\pi\mathrm{i}\,\frac{\mathrm{e}^{\mathrm{i}}}{\mathrm{i}+\mathrm{i}}+2\pi\mathrm{i}\,\frac{\mathrm{e}^{-\mathrm{i}}}{-\mathrm{i}-\mathrm{i}}=2\pi\mathrm{i}\,\frac{\mathrm{e}^{\mathrm{i}}-\mathrm{e}^{-\mathrm{i}}}{2i}=2\pi\mathrm{i}\sin 1.$$

例 13　设 $f(z)$ 在闭圆 $|z|\leqslant R$ 上解析,若存在 $a>0$,使当 $|z|=R$ 时 $|f(z)|>a$,而且 $|f(0)|<a$,试证在圆 $|z|<R$ 内 $f(z)$ 至少有一个零点.

证　反证法.设在 $|z|<R$ 内 $f(z)$ 无零点,由假设在圆 $|z|=R$ 上 $|f(z)|>a$,故 $f(z)$ 在 $|z|=R$ 上也无零点.

由 $f(z)$ 在闭圆 $|z|\leqslant R$ 上解析(这是假设),从而 $F(z)=\dfrac{1}{f(z)}$ 在闭圆 $|z|\leqslant R$ 上也解析.

又由推论 3.5.1 得 $F(0)=\dfrac{1}{2\pi}\int_0^{2\pi}F(R\mathrm{e}^{\mathrm{i}\theta})\mathrm{d}\theta.$

由题设 $|f(0)|<a$ 和 $|f(z)|>a$ 知

$$|F(0)|=\frac{1}{|f(0)|}>\frac{1}{a},\quad |F(R\mathrm{e}^{\mathrm{i}\theta})|=\frac{1}{|f(R\mathrm{e}^{\mathrm{i}\theta})|}<\frac{1}{a},$$

从而

$$\frac{1}{a}<|F(0)|=\left|\frac{1}{2\pi}\int_0^{2\pi}F(R\mathrm{e}^{\mathrm{i}\theta})\mathrm{d}\theta\right|\leqslant\frac{1}{a}\cdot\frac{1}{2\pi}\cdot 2\pi=\frac{1}{a},$$

这是矛盾不等式,故在圆 $|z|<R$ 内 $f(z)$ 至少有一个零点.

3.6　解析函数的高阶导数

3.6.1　解析函数的高阶导数

解析函数有一个很重要的性质:解析函数的导数仍然是解析函数,一个解析函数不仅有一阶导数,而且有高阶导数,这个性质在实变量函数中是没有的,它充分显示了解析函数的特殊性.

下面介绍解析函数的高阶导数公式. 由柯西积分公式得

$$f(z) = \frac{1}{2\pi i} \oint_C \frac{f(\zeta)}{\zeta - z} d\zeta,$$

现假定求导运算和积分运算可交换, 上式两边对 z 求导得

$$f'(z) = \frac{1}{2\pi i} \oint_C \frac{d}{dz}\left[\frac{f(\zeta)}{(\zeta - z)}\right] d\zeta = \frac{1}{2\pi i} \oint_C \frac{f(\zeta)}{(\zeta - z)^2} d\zeta,$$

两边再对 z 求导得

$$f''(z) = \frac{1}{2\pi i} \oint_C \frac{d}{dz}\left[\frac{f(\zeta)}{(\zeta - z)^2}\right] d\zeta = \frac{2!}{2\pi i} \oint_C \frac{f(\zeta)}{(\zeta - z)^3} d\zeta,$$

依此类推, 得 $f(z)$ 的 n 阶导数公式为

$$f^{(n)}(z) = \frac{n!}{2\pi i} \oint_C \frac{f(\zeta)}{(\zeta - z)^{n+1}} d\zeta.$$

这是在导数和积分运算可交换下推出的, 证明比较困难, 这里给出定理, 证明从略.

定理 3.6.1 设 $f(z)$ 在简单闭曲线 C 围成区域 D 内解析, 在闭域 $\overline{D}$ 上连续, 则 $f(z)$ 的各阶导数在 D 内解析, 且有

$$f^{(n)}(z_0) = \frac{n!}{2\pi i} \oint_C \frac{f(\zeta)}{(\zeta - z_0)^{n+1}} d\zeta \quad (z_0 \in D). \tag{3.18}$$

说明 (1) (3.18)式称为解析函数的高阶导数公式.

(2) (3.18)式一方面介绍了解析函数的高阶导数可以用积分计算, 另一方面又介绍了可以通过导数计算积分, 用通常的方法不能计算的积分, 用上述公式能求出且很方便.

(3) 此定理与柯西积分公式、柯西定理一样, 可推广到多连通区域情况.

例 14 求下列积分的值, 其中 $C: |z| = r > 1$ 正向圆周.

(1) $\oint_C \frac{\cos \pi z}{(z-1)^5} dz$;　　　　　　　　　　(2) $\oint_C \frac{e^z}{(z^2+1)^2} dz$.

解 (1) 用解析函数的高阶求导公式得

$$f(z) = \cos \pi z, \quad z_0 = 1, n = 4,$$

$$\oint_C \frac{\cos \pi z}{(z-1)^5} dz = \frac{2\pi i}{4!} (\cos \pi z)^{(4)} \Big|_{z=1} = \frac{2\pi i}{4!} \pi^4 \cos \pi = -\frac{\pi^5}{12} i.$$

(2) $z = i, z = -i$ 是 C 内的不解析点 (即奇点), 以它们为中心作两个闭曲线 C_1 和 C_2, C_1 和 C_2 互不相交、互不包含, 均在 C 内, 由复合闭路定理得

$$\oint_C \frac{e^z}{(z^2+1)^2} dz = \oint_{C_1} \frac{e^z}{(z^2+1)^2} dz + \oint_{C_2} \frac{e^z}{(z^2+1)^2} dz.$$

由解析函数的高阶求导公式, 上式右端第一个积分为

$$\oint_{C_1} \frac{e^z}{(z^2+1)^2}dz = \oint_{C_1} \frac{e^z}{\left[(z-i)(z+i)\right]^2}dz = \oint_{C_1} \frac{\frac{e^z}{(z+i)^2}}{(z-i)^2}dz$$

$$= \frac{2\pi i}{1!}\left[\frac{e^z}{(z+i)^2}\right]'\bigg|_{z=i} = \frac{(1-i)e^i}{2}\pi.$$

同理可得上式右端第二个积分：

$$\oint_{C_2} \frac{e^z}{(z^2+1)^2}dz = \frac{-(1+i)e^{-i}}{2}\pi,$$

故

$$\oint_C \frac{e^z}{(z^2+1)^2}dz = \oint_{C_1} \frac{e^z}{(z^2+1)^2}dz + \oint_{C_2} \frac{e^z}{(z^2+1)^2}dz = \frac{(1-i)e^i}{2}\pi - \frac{(1+i)e^{-i}}{2}\pi$$

$$= \frac{e^i - e^{-i}}{2}\pi - \frac{e^i + e^{-i}}{2}\pi i = \pi\sin 1 - \pi i\cos 1.$$

例 15　试证 $\left(\dfrac{z^n}{n!}\right)^2 = \dfrac{1}{2\pi i}\oint_C \dfrac{z^n e^{z\zeta}}{n!\,\zeta^{n+1}}d\zeta$, C 为围绕原点的一条简单闭曲线.

证　令 $f(\zeta)=\dfrac{z^n}{n!}e^{z\zeta}$, 它在 ζ 平面内解析, 则由解析函数的高阶求导公式得

$$f^{(n)}(0) = \frac{n!}{2\pi i}\oint_C \frac{z^n e^{z\zeta}}{n!\,\zeta^{n+1}}d\zeta,$$

而 $f^{(n)}(0) = \left[\dfrac{z^n}{n!}e^{z\zeta}\right]^{(n)}_\zeta\bigg|_{\zeta=0} = \left[\dfrac{z^n}{n!}\cdot z^n\cdot e^{z\zeta}\right]\bigg|_{\zeta=0} = \dfrac{(z^n)^2}{n!}$, 故

$$\left(\frac{z^n}{n!}\right)^2 = \frac{1}{2\pi i}\oint_C \frac{z^n e^{z\zeta}}{n!\,\zeta^{n+1}}d\zeta.$$

3.6.2　解析函数的等价概念

首先求证柯西定理的逆定理, 称为莫累拉 (Morera) 定理.

定理 3.6.2（莫累拉定理）　设函数 $f(z)$ 在单连通区域 D 内连续, 并设对 D 内的任意一条闭曲线 C 均有 $\oint_C f(z)dz = 0$, 则函数 $f(z)$ 在 D 内解析.

证　由定理 3.4.2 后说明, 可知函数 $F(z) = \displaystyle\int_{z_0}^z f(\zeta)d\zeta$ 在 D 内解析, 且 $F'(z) = f(z)$. 又由定理 3.6.1 知解析函数的导数仍为解析函数, 故 $f(z)$ 在 D 内解析.

说明　莫累拉定理和柯西定理组成了解析函数的一个等价概念: 函数 $f(z)$ 在单连通区域 D 内解析的充要条件是: $f(z)$ 在 D 内连续, 且对 D 内任意一条闭曲线, 都有

$$\oint_C f(z)dz = 0. \tag{3.19}$$

小　　结

　　本章讨论了复积分问题,介绍了复积分的概念和计算方法,阐明了解析函数的柯西定理和复合闭路定理,在此基础上建立了其柯西积分公式和高阶导数公式.由柯西定理推出了类似于牛顿-莱布尼茨公式.

　　复积分是定积分在复数域中的推广,二者其定义在形式上很类似,只是把被积函数由 $f(x)$ 换成 $f(z)$,积分区间由 $[a,b]$ 换成复平面内一条起点为 A 终点为 B 的光滑曲线 C,因而复积分有与曲线积分相类似的性质.

一、计算复积分的常用方法

　　1. 应用曲线积分的计算方法

　　(1) 若 $f(z)=u+iv$,则 $\int_C f(z)dz = \int_C u\,dx - v\,dy + i\int_C v\,dx + u\,dy$.

　　(2) 若曲线 C 以参数方程 $z=z(t)=x(t)+iy(t)(\alpha\leqslant t\leqslant\beta)$ 给出,则

$$\int_C f(z)dz = \int_\alpha^\beta f[z(t)]z'(t)dt.$$

　　2. 应用柯西定理

　　若函数 $f(z)$ 在单连通区域 D 内解析,在闭域 $\overline{D}$ 上连续,则 $\oint_C f(z)dz = 0$,其中 C 为 D 的边界曲线.

　　3. 应用复合闭路定理

　　若 $f(z)$ 在区域 D 内解析,$C_1,C_2,\cdots,C_n$ 为曲线 C(其中 C 为 D 的边界曲线)的互不相交、互不包含且均在 C 内简单闭曲线,则 $\oint_C f(z)dz = \sum_{k=1}^n \oint_{C_k} f(z)dz$,其中 C 和 C_k 均取正向.

　　这个定理主要用来求 C 内含有 n 个不解析点(即奇点)的积分,曲线 C_k 包含第 k 个不解析点 $(k=1,2,\cdots,n)$.

　　4. 应用类似于牛顿-莱布尼茨公式

　　若函数 $f(z)$ 在单连通区域 D 内解析,$F(z)$ 为 $f(z)$ 的一个原函数,z_1,z_2 为 D 内两点,则

$$\int_{z_1}^{z_2} f(z)dz = F(z_2) - F(z_1).$$

5. 应用柯西积分公式

设 $f(z)$ 在简单曲线 C 所围成区域 D 内解析,在闭域 $\overline{D}$ 上连续,$z_0 \in D$,则

$$f(z_0) = \frac{1}{2\pi i} \oint_C \frac{f(z)}{z - z_0} \mathrm{d}z.$$

6. 应用高阶导数公式

设 $f(z)$ 在简单闭曲线 C 围成区域 D 内解析,在闭域 $\overline{D}$ 上连续,$z_0 \in D$,则

$$f^{(n)}(z_0) = \frac{n!}{2\pi i} \oint_C \frac{f(z)}{(z - z_0)^{n+1}} \mathrm{d}z.$$

说明 (1) $f(z)$ 的各阶导数在 D 内都解析.

(2) 在上述六个方法中,方法 1 的积分曲线是否封闭均可,而方法 4 的积分曲线只适合于不封闭曲线,其余方法均为封闭曲线. 在第 5 章里还将介绍利用留数求积分的方法.

二、解析函数的等价概念

莫累拉定理和柯西定理组成其解析函数的一个等价概念:函数 $f(z)$ 在单连通区域 D 内解析的充要条件是:$f(z)$ 在 D 内连续,且对 D 内任意一条闭曲线 C,都有 $\oint_C f(z)\mathrm{d}z = 0$.

习　　题

1. 求积分 $\int_C [(x-y)+\mathrm{i}x^2]\mathrm{d}x$,其中 C 为(1)从原点到点 $1+\mathrm{i}$ 的直线段;(2)从原点沿实轴至 1,再由 1 沿直线向上至 $1+\mathrm{i}$;(3)从原点沿虚轴至 i,再由 i 沿水平方向至 $1+\mathrm{i}$.

2. 计算沿 $y=x$ 和 $y=x^2$ 其积分值 $\int_0^{1+\mathrm{i}} (x^2 + \mathrm{i}y)\mathrm{d}z$.

3. 计算(1) $\int_C (z^2 - 2)\mathrm{d}z$;(2) $\int_C (z^2 - 2)\,|\,\mathrm{d}z\,|$,其中 C 为单位正向上半圆周.

4. 运用单位圆上 $\bar{z} = \frac{1}{z}$ 的性质,求证 $\int_C \bar{z}\mathrm{d}z = 2\pi\mathrm{i}$,其中 C 为正向单位圆周.

5. 求积分 $\oint_C \frac{\bar{z}}{|z|}\mathrm{d}z$ 的值,其中 C 为圆周(正向):(1) $|z|=2$;(2) $|z|=4$.

6. 观察下列积分的值,C 为 $|z|=1$(正向)(可以不计算):

(1) $\oint_C \frac{1}{\cos z}\mathrm{d}z$;

(2) $\oint_C \frac{1}{z^2 + 2z + 2}\mathrm{d}z$;

(3) $\oint_C z\cos z\mathrm{d}z$;

(4) $\oint_C \frac{1}{z - \frac{1}{3}}\mathrm{d}z$.

7. 求证：(1) $\left|\displaystyle\int_{-i}^{i}(x^2+iy^2)d\epsilon\right|\leqslant 2$，积分路线为自 $-i$ 至 i 的直线段；

(2) $\left|\displaystyle\int_{-i}^{i}(x^2+iy^2)dz\right|\leqslant\pi$，积分路线为连接 $-i$ 和 i 且中心在原点的右半圆周.

8. 沿曲线的正向求下列积分的值：

(1) $\displaystyle\int_{|z|=2}\frac{2z^2-z+1}{z-1}dz$；　　(2) $\displaystyle\oint_{|z|=2}\frac{2z^2-z+1}{(z-1)^2}dz$；　　(3) $\displaystyle\oint_{|z|=3}\frac{z^2}{z-2i}dz$；

(4) $\displaystyle\oint_{|z|=2}\frac{2z-1}{z(z-1)}dz$；　　(5) $\displaystyle\oint_{|z+3|=3}\frac{e^z}{(z+2)^4}dz$；　　(6) $\displaystyle\oint_{|z|=3}\frac{\sin z}{\left(z-\dfrac{\pi}{2}\right)^2}dz$；

(7) $\displaystyle\oint_{|z|=r<1}\frac{1}{(z^2-1)(z^3-1)}dz$；　　(8) $\displaystyle\oint_{|z|=3}\frac{z^{2n}}{(z+1)^n}dz$.

9. 求下列积分：

(1) $\displaystyle\int_{-\pi i}^{3\pi i}e^{2z}dz$；　　　　　　　　(2) $\displaystyle\int_{-2}^{-2+i}(z+2)^2dz$；

(3) $\displaystyle\int_{0}^{\pi+2i}\cos\frac{z}{2}dz$；　　　　　(4) $\displaystyle\int_{1}^{1+i}ze^zdz$.

10. 求积分 $\displaystyle\oint_C\frac{e^z}{(z+1)^2(z-3)}dz$ 的值，其中 C 为：

(1) 正向圆周 $|z|=\dfrac{1}{3}$；　　　　　(2) 正向圆周 $|z-3|=\dfrac{1}{3}$；

(3) 正向圆周 $|z+1|=\dfrac{1}{3}$；　　　　(4) 正向圆周 $|z|=6$；

(5) 正向圆周 $|z|=6$ 和负向圆周 $|z+1|=\dfrac{1}{2}$；

(6) 正向圆周 $|z|=6$ 和负向圆周 $|z+3|=\dfrac{1}{2}$.

11. 求积分 $\dfrac{1}{2\pi i}\displaystyle\oint_C\frac{e^z}{z(1-z)^3}dz$ 的值，其中曲线 C 均为正向：

(1) 把 $z=0$ 包含在内但不把 $z=1$ 包含在内；

(2) 把 $z=1$ 包含在内但不把 $z=0$ 包含在内；

(3) 把 $z=0$ 和 $z=1$ 都包含在内.

12. 若 $f(z)$ 和 $g(z)$ 在单连通区域 D 内解析，C 为 D 的边界，$f(z)$ 和 $g(z)$ 在 C 上连续，且在 C 上 $f(z)=g(z)$，求证在 $\overline{D}$ 上 $f(z)=g(z)$.

第 4 章 级　　数

　　无穷级数是研究解析函数的重要工具,本章先介绍复数项级数和复函数项级数,在复函数项级数中着重研究幂级数的概念、性质和收敛性;然后讨论解析函数的级数表示:泰勒(Taylor)级数和洛朗(Laurent)级数.在学习本章时,最好与实变量中级数对比地进行.

4.1　复数项级数

4.1.1　复数列的极限

　　定义 4.1.1　复数列:$\alpha_1, \alpha_2, \cdots, \alpha_n, \cdots$,记为$\{\alpha_n\}$,$n=1,2,\cdots$,其中$\alpha_n = a_n + ib_n$.

　　定义 4.1.2　设$\{\alpha_n\}$($n=1,2,\cdots$)为一复数列,$\alpha = a+ib$ 为一复数,若对任给$\varepsilon>0$,存在自然数 N,当 $n>N$ 时,有

$$|\alpha_n - \alpha| < \varepsilon \tag{4.1}$$

称复数列$\{\alpha_n\}$当 $n\to\infty$ 时以 α 为极限,记为

$$\lim_{n\to\infty}\alpha_n = \alpha \text{ 或 } \alpha_n \to \alpha \ (n\to\infty),$$

也称复数列$\{\alpha_n\}$收敛于α,或称复数列收敛,否则发散.

　　类似于复函数的极限,有如下定理.

　　定理 4.1.1　设 $\alpha_n = a_n + ib_n (n=1,2,\cdots)$,$\alpha = a+ib$,则$\lim\limits_{n\to\infty}\alpha_n = \alpha$ 的充要条件是$\lim\limits_{n\to\infty}a_n = a$,$\lim\limits_{n\to\infty}b_n = b$.

　　证　必要性.若$\lim\limits_{n\to\infty}\alpha_n = \alpha$,则对任给 $\varepsilon>0$,存在自然数 N,当 $n>N$ 时,有$|\alpha_n - \alpha|<\varepsilon$,即$|(a_n + ib_n)-(a+ib)|<\varepsilon$,从而有

$$|a_n - a| \leqslant |(a_n + ib_n)-(a+ib)| < \varepsilon,$$

故$\lim\limits_{n\to\infty}a_n = a$,同理可证$\lim\limits_{n\to\infty}b_n = b$.

　　充分性.若$\lim\limits_{n\to\infty}a_n = a$,$\lim\limits_{n\to\infty}b_n = b$,则当 $n>N$ 时,

$$|a_n - a| < \frac{\varepsilon}{2}, \quad |b_n - b| < \frac{\varepsilon}{2},$$

从而有$|\alpha_n - \alpha| = |(a_n - a)+i(b_n - b)| \leqslant \dfrac{\varepsilon}{2} + \dfrac{\varepsilon}{2} = \varepsilon$,故

$$\lim_{n\to\infty}\alpha_n = \alpha.$$

说明 此定理可改为:复数列$\{\alpha_n\}$收敛于α的充要条件是α_n的实部a_n(或虚部b_n)收敛于α的实部a(或虚部b).

例 1 求证复数列$\{\alpha_n\}$收敛,其中$\alpha_n=\dfrac{1+ni}{1-ni}$.

解 $\alpha_n=\dfrac{1+ni}{1-ni}=\dfrac{(1+ni)^2}{1+n^2}=\dfrac{1-n^2+2ni}{1+n^2}=\dfrac{1-n^2}{1+n^2}+\dfrac{2n}{1+n^2}i$,其实部$a_n=\dfrac{1-n^2}{1+n^2}$,

虚部$b_n=\dfrac{2n}{1+n^2}$,而

$$\lim_{n\to\infty}a_n=\lim_{n\to\infty}\frac{\dfrac{1}{n^2}-1}{\dfrac{1}{n^2}+1}=-1,\quad \lim_{n\to\infty}b_n=\lim_{n\to\infty}\frac{\dfrac{2}{n}}{\dfrac{1}{n^2}+1}=0,$$

故$\lim\limits_{n\to\infty}\alpha_n=-1$,因此复数列$\{\alpha_n\}$$(n=1,2,\cdots)$收敛于$-1$.

4.1.2 复级数概念

定义 4.1.3 设$\{\alpha_n\}$$(n=1,2,\cdots)$为复数列,

$$\sum_{n=1}^{\infty}\alpha_n=\alpha_1+\alpha_2+\cdots+\alpha_n+\cdots \tag{4.2}$$

称为复数项无穷级数,简称为级数.其前n项的和,记为

$$S_n=\alpha_1+\alpha_2+\cdots+\alpha_n, \tag{4.3}$$

称为级数的部分和.

若部分和数列$\{S_n\}$收敛于S,即

$$\lim_{n\to\infty}S_n=S, \tag{4.4}$$

则称级数(4.2)收敛,否则称为发散,S称为级数和.

例 2 讨论几何级数$\sum\limits_{n=0}^{\infty}q_n=1+q+q^2+\cdots+q^n+\cdots$($q$为复常数)的收敛性.

解 此级数前n项部分和为

$$S_n=1+q+q^2+\cdots+q^{n-1}=\frac{1-q^n}{1-q}.$$

当$|q|<1$时,由$\lim\limits_{n\to\infty}q_n=\lim\limits_{n\to\infty}|q|^n(\cos n\theta+i\sin n\theta)=0$得

$$\lim_{n\to\infty}S_n=\frac{1}{1-q}.$$

于是由定义可知此几何级数收敛,其和为$\dfrac{1}{1-q}$.

当$|q|>1$时,由$\lim\limits_{n\to\infty}|q_n|=+\infty$,可知$\lim\limits_{n\to\infty}S_n$不存在,于是此几何级数发散.

当 $q=1$ 时，前 n 项部分和

$$S_n = \underbrace{1+1+\cdots+1}_{n\uparrow} = n \to +\infty,$$

于是此几何级数发散.

当 $q=-1$ 时，令 $q=\mathrm{e}^{\mathrm{i}\theta}(\theta\neq 2k\pi, k$ 为整数)，因为 $\mathrm{e}^{\mathrm{i}n\theta}$ 当 $n\to\infty$ 时极限不存在，所以

$$S_n = \frac{1-q^n}{1-q} = \frac{1-\mathrm{e}^{\mathrm{i}n\theta}}{1-\mathrm{e}^{\mathrm{i}\theta}}$$

极限不存在，于是此几何级数发散.

结论　几何级数 $\sum\limits_{n=0}^{\infty} q_n$，当 $|q|<1$ 时收敛于 $\dfrac{1}{1-q}$，当 $|q|\geqslant 1$，此几何级数发散. 此级数称为等比级数，今后常用，请记住.

关于复数项级数，有如下收敛性定理.

定理 4.1.2　复数项级数 $\sum\limits_{n=1}^{\infty}\alpha_n$ 收敛的充要条件是实部级数 $\sum\limits_{n=1}^{\infty} a_n$ 和虚部级数 $\sum\limits_{n=1}^{\infty} b_n$ 均收敛.

证　由级数的部分和 S_n 得一复数列 $S_1, S_2, \cdots, S_n, \cdots$，其中

$$\begin{aligned} S_n &= \alpha_1+\alpha_2+\cdots+\alpha_n = (a_1+a_2+\cdots+a_n)+\mathrm{i}(b_1+b_2+\cdots+b_n) \\ &= A_n+\mathrm{i}B_n. \end{aligned} \tag{4.5}$$

若复数列 S_n 收敛于 $S=A+\mathrm{i}B$，则由定理 4.1.1 得 $\lim\limits_{n\to\infty}S_n=S$ 的充要条件是 $\lim\limits_{n\to\infty}A_n=A$ 且 $\lim\limits_{n\to\infty}B_n=B$.

说明　由定理 4.1.2 可知，复数项级数的收敛性问题可以转化为两个实数项级数的收敛性讨论.

例 3　讨论复数项级数 $\sum\limits_{n=1}^{\infty}\left(\dfrac{1}{n}+\mathrm{i}\,\dfrac{1}{3^n}\right)$ 的敛散性问题.

解　应用高等数学的知识可知 $\sum\limits_{n=1}^{\infty}\dfrac{1}{n}$ 是调和函数，此级数发散. 据定理 4.1.2 可知级数 $\sum\limits_{n=1}^{\infty}\left(\dfrac{1}{n}+\mathrm{i}\,\dfrac{1}{3^n}\right)$ 发散.

定理 4.1.3　若级数 $\sum\limits_{n=1}^{\infty}\alpha_n$ 收敛，则 $\lim\limits_{n\to\infty}\alpha_n=0$.

证　由实数项级数可知：若 $\sum\limits_{n=1}^{\infty}\alpha_n$ 收敛，则 $\lim\limits_{n\to\infty}a_n=0$；若 $\sum\limits_{n=1}^{\infty}b_n$ 收敛，则 $\lim\limits_{n\to\infty}b_n=0$，故 $\lim\limits_{n\to\infty}\alpha_n=0$.

说明 定理 4.1.3 是必要条件,不是充分条件,即 $\lim\limits_{n\to\infty}\alpha_n=0$,而 $\sum\limits_{n=1}^{\infty}\alpha_n$ 不一定收敛. 如例 3,$\lim\limits_{n\to\infty}\left(\dfrac{1}{n}+\mathrm{i}\,\dfrac{1}{3^n}\right)=0$,但级数 $\sum\limits_{n=1}^{\infty}\left(\dfrac{1}{n}+\mathrm{i}\,\dfrac{1}{3^n}\right)$ 发散.

定理 4.1.4 若 $\sum\limits_{n=1}^{\infty}|\alpha_n|$ 收敛,则 $\sum\limits_{n=1}^{\infty}\alpha_n$ 收敛.

证 因 $|a_n|\leqslant\sqrt{a_n^2+b_n^2}=|\alpha_n|$ 及 $\sum\limits_{n=1}^{\infty}|\alpha_n|$ 收敛,根据正项级数比较判别法知 $\sum\limits_{n=1}^{\infty}|\alpha_n|$ 收敛,即实数项级数 $\sum\limits_{n=1}^{\infty}|a_n|$ 收敛,则 $\sum\limits_{n=1}^{\infty}a_n$ 收敛.

同理可证 $\sum\limits_{n=1}^{\infty}b_n$ 收敛.

说明 (1) 若级数 $\sum\limits_{n=1}^{\infty}|\alpha_n|$ 收敛,称为级数 $\sum\limits_{n=1}^{\infty}\alpha_n$ 绝对收敛.

(2) 若 $\sum\limits_{n=1}^{\infty}\alpha_n$ 收敛,则 $\sum\limits_{n=1}^{\infty}|\alpha_n|$ 不一定收敛,如下面例 4 的(2).

例 4 判别下列级数的收敛性:

(1) $\sum\limits_{n=1}^{\infty}\dfrac{\mathrm{i}^n}{n^2}$; 　　　　　　　(2) $\sum\limits_{n=1}^{\infty}\dfrac{\mathrm{i}^n}{n}$.

解 (1) 因 $\left|\dfrac{\mathrm{i}^n}{n^2}\right|=\dfrac{1}{n^2}$ 及 $\sum\limits_{n=1}^{\infty}\dfrac{1}{n^2}$ 收敛,故由定理 4.1.4 可知 $\sum\limits_{n=1}^{\infty}\dfrac{\mathrm{i}^n}{n^2}$ 收敛,且绝对收敛.

(2) $\sum\limits_{n=1}^{\infty}\dfrac{\mathrm{i}^n}{n}=\left(-\dfrac{1}{2}+\dfrac{1}{4}-\cdots\right)+\mathrm{i}\left(1-\dfrac{1}{3}+\dfrac{1}{5}-\cdots\right)$,其中实部和虚部都是交错级数,均收敛,由定理 4.1.2 知 $\sum\limits_{n=1}^{\infty}\dfrac{\mathrm{i}^n}{n}$ 收敛.

4.1.3 复函数项级数

定义 4.1.4 设 $\{f_n(z)\}(n=1,2,\cdots)$ 是定义在区域 D 内的复函数列,则

$$\sum_{n=1}^{\infty}f_n(z)=f_1(z)+f_2(z)+\cdots+f_n(z)+\cdots \tag{4.6}$$

称为复函数项级数,它的前 n 项和

$$S_n(z)=\sum_{k=1}^{n}f_k(z)=f_1(z)+f_2(z)+\cdots+f_n(z)$$

称为级数(4.6)的前 n 项部分和.

定义 4.1.5 若对于 D 内一点 z_0,极限 $\lim\limits_{n\to\infty}S_n(z_0)$ 存在,称 z_0 是级数(4.6)的

收敛点;若$\lim\limits_{n\to\infty}S_n(z_0)$不存在,称 z_0 是级数(4.6)的发散点. 级数(4.6)的一切收敛点所成的集合称为级数(4.6)的收敛域.

定义 4.1.6　若区域 D 是级数(4.6)的收敛域,则函数

$$f(z) = \sum_{n=1}^{\infty} f_n(z) \quad (z \in D) \tag{4.7}$$

称为级数(4.6)的和函数.

定义 4.1.7　若对区域 D 内的任一点 z,级数 $\sum\limits_{n=1}^{\infty} |f_n(z)|$ 收敛,称级数 $\sum\limits_{n=1}^{\infty} f_n(z)$ 在 D 内绝对收敛.

定理 4.1.5　若级数(4.6)绝对收敛,则级数(4.6)必收敛.

4.2　幂　级　数

4.2.1　基本概念

现在着重讨论一种最简单的函数项级数——幂级数.

定义 4.2.1　若 $f_n(z) = c_n (z - z_0)^n$,则级数(4.6)成为

$$\sum_{n=0}^{\infty} c_n (z - z_0)^n$$
$$= c_0 + c_1(z - z_0) + c_2 (z - z_0)^2 + \cdots + c_n (z - z_0)^n + \cdots. \tag{4.8}$$

若 $z_0 = 0$,则(4.8)式成为

$$\sum_{n=0}^{\infty} c_n z^n = c_0 + c_1 z + c_2 z^2 + \cdots + c_n z^n + \cdots. \tag{4.9}$$

这两个级数都称为幂级数.

说明　(1) 这是复函数项级数的特殊情况.

(2) 若令 $\zeta = z - z_0$,则 $\sum\limits_{n=0}^{\infty} c_n (z - z_0)^n = \sum\limits_{n=0}^{\infty} c_n \zeta^n$,这就是(4.9)式的形式. 今后就以(4.9)式为例进行讨论.

(3) 幂级数是研究解析函数理论的重要工具.

4.2.2　级数的敛散性

1. 收敛圆和收敛半径

现讨论幂级数的收敛范围,很显然 $z = 0$ 是幂级数(4.9)的收敛点,还有 $z = 0$ 外的其他点的收敛问题,就像实变量的幂级数一样也有阿贝尔(Abel)定理.

定理 4.2.1（阿贝尔定理）　(1) 若级数 $\sum\limits_{n=0}^{\infty} c_n z^n$ 在点 $z_0(z_0 \neq 0)$ 处收敛,当

$|z|<|z_0|$ 时,则级数 $\sum\limits_{n=0}^{\infty}c_n z^n$ 绝对收敛;

(2) 若级数 $\sum\limits_{n=0}^{\infty}c_n z^n$ 在点 $z_0(z_0\neq 0)$ 处发散,当 $|z|>|z_0|$ 时,则级数 $\sum\limits_{n=0}^{\infty}c_n z^n$ 发散.

证 (1) 由级数 $\sum\limits_{n^2}^{\infty}c_n z_0^n$ 收敛及收敛的必要条件 $\lim\limits_{n\to\infty}c_n z_0^n=0$ 得,存在正数 M,使对所有的 n 都有 $|c_n z_0^n|<M$,于是

$$|c_n z^n|=|c_n z_0^n|\left|\frac{z}{z_0}\right|^n<M\left|\frac{z}{z_0}\right|^n.$$

当 $|z|<|z_0|$ 时,$\left|\dfrac{z}{z_0}\right|<1$,因而级数 $\sum\limits_{n=0}^{\infty}M\left|\dfrac{z}{z_0}\right|^n$ 收敛,由正项级数的比较判别法得 $\sum\limits_{n=0}^{\infty}|c_n z^n|$ 收敛,即级数 $\sum\limits_{n=0}^{\infty}c_n z^n$ 绝对收敛.

(2) 反证法. 当 $|z|>|z_0|$ 时,若级数 $\sum\limits_{n=0}^{\infty}|c_n z_0^n|$ 收敛,据(1)可知 $\sum\limits_{n=0}^{\infty}c_n z_0^n$ 收敛,这与题设矛盾,于是定理得证.

说明 据阿贝尔定理可给出收敛圆与收敛半径的定义.

定义 4.2.2 存在圆 $|z|=R$,幂级数(4.9)在圆内绝对收敛,而在圆外幂级数(4.9)发散,称此圆域 $|z|<R$ 为幂级数(4.9)的收敛圆,收敛圆的半径 R 称为收敛半径.

例 5 级数 $\sum\limits_{n=0}^{\infty}z^n$,当 $|z|<1$ 时绝对收敛,且收敛于 $\dfrac{1}{1-z}$. 当 $|z|>1$,级数 $\sum\limits_{n=0}^{\infty}z^n$ 发散. 故圆 $|z|=1$ 为级数 $\sum\limits_{n=0}^{\infty}z^n$ 的收敛圆,收敛半径为 1.

说明 (1) 若幂级数(4.9)只在原点处收敛,则认为收敛圆是一个点,收敛半径 $R=0$.

(2) 若幂级数(4.9)在复平面内处处收敛,则认为收敛圆为无穷大,收敛半径 $R=+\infty$.

例 6 幂级数 $1+z+2^2 z^2+\cdots+n^n z^n+\cdots$,当 $z\neq 0$ 时,一般项不趋向于零,故此级数发散,即此级数只有在 $z=0$ 处收敛,这时 $R=0$.

例 7 幂级数 $1+z+\dfrac{z^2}{2^2}+\cdots+\dfrac{z^n}{n^n}+\cdots$,对任意固定的 z,从某个 n 开始,以后的所有项中有 $\dfrac{|z|}{n}<\dfrac{1}{2}$,于是 $\left|\dfrac{z^n}{n^n}\right|<\left(\dfrac{1}{2}\right)^n$,故此级数对任意的 z 都收敛,即 $R=+\infty$.

2. 收敛半径的求法

至于收敛半径的求法,类似于实变量,方法有二.

定理 4.2.2　设幂级数(4.9),若下列条件之一成立:

(1) 比值法

$$\lim_{n\to\infty}\left|\frac{C_{n+1}}{C_n}\right|=\lambda; \tag{4.10}$$

(2) 根值法

$$\lim_{n\to\infty}\sqrt[n]{|c_n|}=\lambda. \tag{4.11}$$

则(4.9)式的收敛半径 $R=\dfrac{1}{\lambda}(\lambda\neq0)$.

证明从略.

说明　(1) 据收敛半径的情况,(4.9)式可分为三大类:

$$R=\begin{cases}\dfrac{1}{\lambda}, & 0<\lambda<+\infty, & (4.9)\text{式在圆周}|z|=\dfrac{1}{\lambda}\text{内收敛},\\ 0, & \lambda=0, & (4.9)\text{式仅在 }z=0\text{ 处收敛},\\ +\infty, & \lambda=0, & (4.9)\text{式在复平面内处处收敛}.\end{cases}$$

(2) 在收敛圆的圆周上的收敛情况,阿贝尔定理未给出,要作具体分析.

例 8　求下列幂级数的收敛半径:

(1) $\sum\limits_{n=1}^{\infty}\dfrac{z^n}{n}$;　(2) $\sum\limits_{n=0}^{\infty}n^p z^n(p>0)$;　(3) $\sum\limits_{n=0}^{\infty}n!(z-1+i)^n$;　(4) $\sum\limits_{n=1}^{\infty}\dfrac{z^n}{n^2}$.

解　(1) 因 $=\lim\limits_{n\to\infty}\left|\dfrac{\dfrac{1}{n+1}}{\dfrac{1}{n}}\right|=\lim\limits_{n\to\infty}\dfrac{n}{n+1}=1$,故 $R=1$.

在圆周 $|z|=1$ 上,当 $z=1$ 时幂级数为 $\sum\limits_{n=1}^{\infty}\dfrac{1}{n}$,它是调和函数,故此时幂级数发散. 当 $z\neq1$ 时,令 $z=e^{i\theta}(0<\theta<2\pi)$,级数为 $\sum\limits_{n=1}^{\infty}\dfrac{z^n}{n}=\sum\limits_{n=1}^{\infty}\dfrac{\cos n\theta}{n}+i\sum\limits_{n=1}^{\infty}\dfrac{\sin n\theta}{n}$,它的实部和虚部两个级数均收敛,故在圆周 $|z|=1$ 上此时幂级数 $\sum\limits_{n=0}^{\infty}\dfrac{z^n}{n}$ 收敛.

因此幂级数 $\sum\limits_{n=1}^{\infty}\dfrac{z^n}{n}$ 在圆周 $|z|=1$ 上除点 $z=1$ 外都收敛. 在 $|z|<1$ 内此幂级数处处收敛.

(2) 因 $\lim\limits_{n\to\infty}\sqrt[n]{|c_n|}=\lim\limits_{n\to\infty}\sqrt[n]{n^p}=\lim\limits_{n\to\infty}(\sqrt[n]{n})^p=1$,故 $R=1$.

在圆周 $|z|=1$ 上,令 $z=\mathrm{e}^{\mathrm{i}\theta}(0\leqslant\theta<2\pi)$,由

$$\sum_{n=0}^{\infty}n^{p}z^{n}=\sum_{n=1}^{\infty}n^{p}\cos n\theta+\mathrm{i}\sum_{n=1}^{\infty}n^{p}\sin n\theta$$

得它的实部和虚部两个级数均发散,故此幂级数在 $|z|=1$ 上都发散.

因此幂级数 $\displaystyle\sum_{n=0}^{\infty}n^{p}z^{n}$ 当 $|z|<1$ 收敛,当 $|z|\geqslant1$ 时发散.

(3) 因 $\displaystyle\lim_{n\to\infty}\left|\frac{C_{n+1}}{C_{n}}\right|=\lim_{n\to\infty}\frac{(n+1)!}{n!}=\lim_{n\to\infty}(n+1)=+\infty$,故 $R=0$,因此幂级数

$\displaystyle\sum_{n=0}^{\infty}n!(z-1+\mathrm{i})^{n}$ 只在 $z=1-\mathrm{i}$ 处收敛.

(4) 因 $\displaystyle\lim_{n\to\infty}\left|\frac{C_{n+1}}{C_{n}}\right|=\lim_{n\to\infty}\frac{n^{2}}{(n+1)^{2}}=1$,故 $R=1$. 在 $|z|=1$ 上 $\displaystyle\sum_{n=1}^{\infty}\frac{z^{n}}{n^{2}}$ 处处绝对收

敛,因而幂级数 $\displaystyle\sum_{n=1}^{\infty}\frac{z^{n}}{n^{2}}$ 在 $|z|\leqslant1$ 内收敛,在 $|z|>1$ 发散.

4.2.3 幂级数的运算和性质

1. 幂级数的运算

与实变量幂级数一样,复幂级数也能进行加、减、乘运算. 设

$$f(z)=\sum_{n=1}^{\infty}a^{n}z^{n},R=r_{1};\quad g(z)=\sum_{n=1}^{\infty}b^{n}z^{n},R=r_{2}. \tag{4.12}$$

(1) 两个幂级数可以进行相加、相减、相乘,其结果(和函数)是 $f(z)$ 和 $g(z)$ 的
和、差、积,$R=\min\{r_{1},r_{2}\}$.

(2) 代换(复合)运算,上述幂级数,第二个代入第一个得

$$f[g(z)]=\sum_{n=1}^{\infty}a^{n}[g(z)]^{n},\quad |g(z)|<r_{1}. \tag{4.13}$$

说明 (1) 所谓代换运算,就是把幂级数中的变量 z 看成函数,即用函数去代
换 z.

(2) 代换运算是解析函数展为幂级数的常用方法.

例 9 把 $\dfrac{1}{z-b}$ 展开形如 $\displaystyle\sum_{n=0}^{\infty}c_{n}(z-a)^{n}$ 的幂级数,其中 a 与 b 为不相等的复
常数.

解 在前面已知等比级数

$$\frac{1}{1-z}=1+z+z^{2}+\cdots+z^{n}+\cdots,\quad |z|<1.$$

利用已知展式将 $\dfrac{1}{z-b}$ 展开,为此先将 $\dfrac{1}{z-b}$ 化为 $\dfrac{1}{1-g(z)}$ 的形式.

$$\frac{1}{z-b}=\frac{1}{(z-a)-(b-a)}=-\frac{1}{b-a}\cdot\frac{1}{1-\dfrac{z-a}{b-a}},$$

当 $\left|\dfrac{z-a}{b-a}\right|<1$ 时得

$$\frac{1}{1-\dfrac{z-a}{b-a}}=1+\frac{z-a}{b-a}+\cdots+\left(\frac{z-a}{b-a}\right)^n+\cdots,$$

于是有

$$\frac{1}{z-b}=-\frac{1}{b-a}-\frac{z-a}{(b-a)^2}-\cdots-\frac{(z-a)^n}{(b-a)^{n+1}}-\cdots,\quad R=|b-a|.$$

2. 幂级数的性质

与实变量里幂级数一样,复幂级数有如下性质.

(1) 幂级数的和函数 $f(z)=\sum\limits_{n=0}^{\infty}c_n(z-z_0)^n$ 在其收敛圆内是解析的;

(2) 在收敛圆内,幂级数及其和函数 $f(z)=\sum\limits_{n=0}^{\infty}c_n(z-z_0)^n$ 可以逐项求导及逐项积分.

例 10　将 $\dfrac{1}{1+z}$ 和 $\dfrac{1}{(1+z)^2}$ 展成为 z 的幂级数.

解　将等比级数中的 z 用 $-z$ 代入得

$$\frac{1}{1+z}=1-z+z^2+\cdots+(-1)^nz^n+\cdots,\quad|z|<1,$$

对此式逐项求导得

$$-\frac{1}{(1+z)^2}=-1+2z+\cdots+(-1)^nnz^{n-1}+\cdots,\quad|z|<1,$$

即 $\dfrac{1}{(1+z)^2}=1-2z+\cdots+(-1)^{n+1}nz^{n-1}+\cdots,|z|<1.$

说明　在展开幂级数采用代换运算时,是以等比级数为基础,因此要熟练掌握例 9 和例 10 的代换方法,记住 $\dfrac{1}{1-z}$ 和 $\dfrac{1}{1+z}$ 的展开式.

4.3　泰 勒 级 数

4.3.1　泰勒级数的概念

由 4.2 节已知幂级数的和函数在收敛圆内解析,现在研究与此相反的问题,就是一个解析函数能否表示为幂级数.

定理 4.3.1 设函数 $f(z)$ 在圆 $D: |z-z_0| < R$ 内解析, 则在此圆内, $f(z)$ 可展为幂级数

$$f(z) = \sum_{n=0}^{\infty} c_n (z-z_0)^n, \tag{4.14}$$

其中 $c_n = \dfrac{1}{2\pi i} \oint_C \dfrac{f(z)}{(z-z_0)^{n+1}} dz = \dfrac{1}{n!} f^{(n)}(z_0)$ $(n=0,1,2,\cdots)$, C 为任意圆周 $|z-z_0| = \rho < R$.

证 在圆 D 内作一个圆 C 以 z_0 为中心. 按照柯西积分公式得

$$f(z) = \frac{1}{2\pi i} \oint_C \frac{f(\zeta)}{\zeta - z} d\zeta, \tag{4.15}$$

由于 ζ 在 C 上, z 在 C 内, 故 $\left| \dfrac{z-z_0}{\zeta-z_0} \right| < 1$, 据 4.2 节例 9 有

$$\frac{1}{\zeta-z} = \frac{1}{(\zeta-z_0)-(z-z_0)} = \frac{1}{\zeta-z_0} \cdot \frac{1}{1-\dfrac{z-z_0}{\zeta-z_0}}$$

$$= \frac{1}{\zeta-z_0} \left[1 + \frac{z-z_0}{\zeta-z_0} + \cdots + \left(\frac{z-z_0}{\zeta-z_0} \right)^n + \cdots \right]$$

$$= \sum_{n=0}^{\infty} \frac{(z-z_0)^n}{(\zeta-z_0)^{n+1}},$$

代入 (4.15) 式得

$$f(z) = \frac{1}{2\pi i} \oint_C f(\zeta) \sum_{n=0}^{\infty} \frac{(z-z_0)^n}{(\zeta-z_0)^{n+1}} d\zeta = \sum_{n=0}^{\infty} \left[\frac{1}{2\pi i} \oint_C \frac{f(\zeta)}{(\zeta-z_0)^{n+1}} d\zeta \right] (z-z_0)^n$$

$$= \sum_{n=0}^{\infty} \left[\frac{1}{n!} f^{(n)}(z_0) \right] (z-z_0)^n = \sum_{n=0}^{\infty} c_n (z-z_0)^n.$$

说明 (1) (4.14) 式称为 $f(z)$ 在点 $z=z_0$ 处的泰勒展式, (4.14) 式右边的级数称为泰勒级数, 其中 c_n 称为泰勒系数.

(2) $f(z)$ 在点 $z=z_0$ 处的泰勒展式是唯一的. 设 $f(z)$ 在 D 内又可展成 $f(z) = \sum_{n=0}^{\infty} c_n'(z-z_0)^n$, 对上式求各阶导数得

$$f^{(n)}(z) = n!\, c_n' + (n+1)!\, c_{n+1}'(z-z_0) + \cdots.$$

当 $z=z_0$ 时有 $f^{(n)}(z_0) = n!\, c_n'$, 即 $c_n' = \dfrac{f^{(n)}(z_0)}{n!} = c_n$.

(3) 圆 C 的半径可任意增大, 只要使 C 在 D 内即可, 且 D 也不一定非是圆域不可, 因此对区域 D (不一定是圆域) 内解析的函数有下面定理.

定理 4.3.2 设函数 $f(z)$ 在区域 D 内解析, $z_0 \in D$, R 为 z_0 到区域 D 的边界

上的点最短距离,则当$|z-z_0|<R$时,有

$$f(z) = \sum_{n=0}^{\infty} c_n (z-z_0)^n, \tag{4.16}$$

其中$c_n = \dfrac{f^{(n)}(z_0)}{n!}(n=0,1,2,\cdots)$.

说明 (1) 若$f(z)$在D内有奇点,则可选与z_0最近的奇点α的距离$R(R=|z_0-\alpha|)$,$f(z)$在圆域$|z-z_0|<R$内可展成泰勒级数.

(2) 将定理 4.3.1 和定理 4.3.2 与幂级数的性质结合起来,将得出下面的结论.

定理 4.3.3 函数$f(z)$在区域D内解析的充要条件是它在D内的每一点都可展为泰勒级数.

说明 (1) 归纳一下对解析函数的讨论,从各种不同的角度可得出等价的解析函数的概念. 若函数$f(z)$在区域D内满足下列条件之一者,就称为D内的一个解析函数:

① $f(z)$在D内处处可导;

② $f(z)=u(x,y)+\mathrm{i}v(x,y)$的实部$u$和虚部$v$在$D$内可微,且满足 C-R 条件:$\dfrac{\partial u}{\partial x}=\dfrac{\partial v}{\partial y},\dfrac{\partial v}{\partial x}=-\dfrac{\partial u}{\partial y}$;

③ $f(z)$在D内连续,且对D内任意一条逐段光滑的闭曲线C,均有$\oint_C f(z)\mathrm{d}z=0$;

④ $f(z)$在D内每一点z均可展成为泰勒级数.

(2) 在区域D内的解析函数与幂级数(即泰勒级数)之间存在着一一对应的关系,这在实数情况下却没有这样的结论:一是$f(x)$不一定n阶可导;二是余项$R_n(x)$不一定趋向于零.

(3) 运用泰勒级数展开的唯一性,则可以用比较方便的方法将一个函数展为泰勒级数.

(4) 展成泰勒级数的方法可有两种:一是由泰勒展式直接求出系数$c_n=\dfrac{f^{(n)}(z_0)}{n!}(n=0,1,2,\cdots)$,把函数$f(z)$在点$z_0$处展为幂级数,称为直接法;二是利用已知函数的展式,由幂级数的运算与性质把函数展为幂级数,称为间接法.

4.3.2 求泰勒级数的方法

1. 计算系数法(直接法)

例 11 求$f(z)=\mathrm{e}^z$在点$z=0$处的泰勒级数.

解 因$f^{(n)}(z)=\mathrm{e}^z$,故$f^{(n)}(0)=1$,于是$c_n=\dfrac{1}{n!}f^{(n)}(0)=\dfrac{1}{n!}(n=0,1,2,\cdots)$,

代入(4.14)式得

$$e^z = \sum_{n=0}^{\infty} \frac{1}{n!} z^n = 1 + z + \frac{1}{2!} z^2 + \cdots + \frac{1}{n!} z^n + \cdots.$$

因为 e^z 在复平面内处处解析,所以上式在复平面内处处成立,则 $R = +\infty$.
用类似的方法得

$$\sin z = z - \frac{1}{3!} z^3 + \frac{1}{5!} z^5 + \cdots + (-1)^n \frac{1}{(2n+1)!} z^{2n+1} + \cdots, \quad R = +\infty;$$

$$\cos z = 1 - \frac{1}{2!} z^2 + \frac{1}{4!} z^4 + \cdots + (-1)^n \frac{1}{(2n)!} z^{2n} + \cdots, \quad R = +\infty.$$

2. 代换(复合)运算法(间接法)

例 12　求 $\dfrac{1}{(z+1)(z+2)}$ 在点 $z=1$ 处的泰勒展式.

解　$\dfrac{1}{(z+1)(z+2)} = \dfrac{1}{z+1} - \dfrac{1}{z+2}$,而

$$\frac{1}{z+1} = \frac{1}{2+z-1} = \frac{1}{2\left(1+\dfrac{z-1}{2}\right)} = \frac{1}{2}\left[1 - \frac{z-1}{2} + \left(\frac{z-1}{2}\right)^2 + \cdots + (-1)^n \left(\frac{z-1}{2}\right)^n + \cdots\right]$$

$$= \sum_{n=0}^{\infty} \frac{(-1)^n}{2^{n+1}} (z-1)^n, \quad \left|\frac{z-1}{2}\right| < 1 \Rightarrow |z-1| < 2,$$

$$\frac{1}{z+2} = \frac{1}{3+z-1} = \frac{1}{3\left(1+\dfrac{z-1}{3}\right)} = \frac{1}{3}\left[1 - \frac{z-1}{3} + \left(\frac{z-1}{3}\right)^2 + \cdots + (-1)^n \left(\frac{z-1}{3}\right)^n + \cdots\right]$$

$$= \sum_{n=0}^{\infty} \frac{(-1)^n}{3^{n+1}} (z-1)^n, \quad \left|\frac{z-1}{3}\right| < 1 \Rightarrow |z-1| < 3,$$

将两个式子相减得

$$\frac{1}{z+1} - \frac{1}{z+2} = \sum_{n=0}^{\infty} (-1)^n \left(\frac{1}{2^{n+1}} - \frac{1}{3^{n+1}}\right)(z-1)^n, \quad |z-1| < 2,$$

这里的 $R = \min(2, 3) = 2$.

3. 导数(或积分)法(间接法)

例 13　求 $\dfrac{1}{z^2}$ 在点 $z=-1$ 处的泰勒级数.

解　$\dfrac{1}{z} = \dfrac{1}{z+1-1} = -\dfrac{1}{1-(z+1)} = -[1 + (z+1) + \cdots + (z+1)^n + \cdots].$

上式两边对 z 求导得

$$\frac{1}{z^2}=1+2(z+1)+\cdots+n(z+1)^{n-1}+\cdots, \quad |z+1|<1.$$

例 14　求 $\ln(1+z)$ 在点 $z=0$ 处的泰勒展式.

解　在复平面内除 $z=-1$ 及其左边的负实轴外 $\ln(1+z)$ 是解析的,而 $z=-1$ 是它的一个奇点,故它在圆域 $|z|<1$ 内可展为泰勒级数(见定理 4.3.2 后说明(1)).

已知 $\dfrac{1}{1+z}=1-z+\cdots+(-1)^n z^n+\cdots$,$|z|<1$,在 $|z|<1$ 内作一条从 0 到 z 的曲线 C,上式逐项沿曲线 C 积分得

$$\int_0^z \frac{1}{1+\zeta}\mathrm{d}\zeta = \int_0^z 1\mathrm{d}\zeta - \int_0^z \zeta\mathrm{d}\zeta + \cdots + \int_0^z (-1)^n \zeta^n \mathrm{d}\zeta + \cdots, \quad |z|<1,$$

从而有 $\ln(1+z)=z-\dfrac{z^2}{2}+\cdots+(-1)^n\dfrac{z^{n+1}}{n+1}+\cdots$,$|z|<1$.

4.4　洛 朗 级 数

在 4.3 节中知道解析函数 $f(z)$ 在圆域 $|z-z_0|<R$ 内可展为 $z-z_0$ 的泰勒级数,但在实际问题中,常遇到圆环域 $R_1<|z-z_0|<R_2$,在圆环域内能否展为幂级数,将在这一节加以讨论.

4.4.1　洛朗级数的概念

定理 4.4.1　设 $f(z)$ 在圆环域 $D:R_1<|z-z_0|<R_2$ 内解析,则在 D 内有

$$f(z) = \sum_{n=-\infty}^{+\infty} c_n (z-z_0)^n, \tag{4.17}$$

其中 $c_n = \dfrac{1}{2\pi\mathrm{i}} \oint_C \dfrac{f(z)}{(z-z_0)^{n+1}}\mathrm{d}z$,$C$ 为包含 z_0 在圆环内的任一简单闭曲线.

证　设 $z\in D$,在 D 内作圆环域 $D':R_1'<|z-z_0|<R_2'$.

由 $f(z)$ 在闭域 $\overline{D}$ 内解析,据复合闭路的柯西积分公式

$$f(z) = \frac{1}{2\pi\mathrm{i}} \oint_{C_2} \frac{f(z)}{\zeta-z}\mathrm{d}\zeta - \frac{1}{2\pi\mathrm{i}} \oint_{C_1} \frac{f(z)}{\zeta-z}\mathrm{d}\zeta, \tag{4.18}$$

其中 C_1+C_2 是圆环域 D' 的边界.

当 ζ 在 C_2 上的点时,$\left|\dfrac{z-z_0}{\zeta-z_0}\right|<1$,故有

$$\frac{1}{\zeta-z} = \frac{1}{(\zeta-z_0)-(z-z_0)} = \frac{1}{\zeta-z_0}\cdot\frac{1}{1-\dfrac{z-z_0}{\zeta-z_0}} = \sum_{n=0}^{\infty} \frac{(z-z_0)^n}{(\zeta-z_0)^{n+1}}, \tag{4.19}$$

当 ζ 在 C_1 上的点时，$\left| \dfrac{\zeta - z_0}{z - z_0} \right| < 1$，故有

$$-\frac{1}{\zeta - z} = \frac{-1}{(\zeta - z_0) - (z - z_0)} = \frac{1}{z - z_0} \cdot \frac{1}{1 - \dfrac{\zeta - z_0}{z - z_0}} = \sum_{n=1}^{\infty} \frac{(\zeta - z_0)^{n-1}}{(z - z_0)^n}. \quad (4.20)$$

(4.19)和(4.20)式代入(4.18)式，其中

$$c_n = \frac{1}{2\pi i} \oint_{C_2} \frac{f(\zeta)}{(\zeta - z_0)^{n+1}} \mathrm{d}\zeta \quad (n = 0, 1, 2, \cdots), \quad (4.21)$$

$$c_{-n} = \frac{1}{2\pi i} \oint_{C_1} \frac{f(\zeta)}{(\zeta - z_0)^{-n+1}} \mathrm{d}\zeta \quad (n = 0, 1, 2, \cdots). \quad (4.22)$$

若在 D 内作一条绕 z_0 的正向简单闭曲线，则据复合闭路定理，在(4.21)和(4.22)式中的积分可换成沿曲线 C 的积分，即

$$c_n = \frac{1}{2\pi i} \oint_C \frac{f(\zeta)}{(\zeta - z_0)^{n+1}} \mathrm{d}\zeta \quad (n = 0, \pm 1, \pm 2, \cdots).$$

于是就有(4.17)式的系数.

说明 (1) (4.17)式称为函数 $f(z)$ 在圆环域 $R_1 < |z - z_0| < R_2$ 内的洛朗展式，(4.17)式右边级数称为洛朗级数，其中 c_n 称为洛朗系数.

(2) $f(z)$ 在圆环域 $D: R_1 < |z - z_0| < R_2$ 内洛朗展式是唯一的. 设 $f(z)$ 又可展成

$$f(z) = \sum_{n=-\infty}^{+\infty} c_n'(z - z_0)^n.$$

用 $\dfrac{1}{(z - z_0)^{m+1}}$ 乘上式两边得

$$\frac{f(z)}{(z - z_0)^{m+1}} = \sum_{n=-\infty}^{+\infty} c_n' \frac{1}{(z - z_0)^{m-n+1}},$$

设 C 为 D 内绕 z_0 的任一条正向简单闭曲线，上式逐项沿 C 积分，同时注意到

$$\oint_C \frac{1}{(z - z_0)^{m-n+1}} \mathrm{d}z = \begin{cases} 2\pi i, & m = n, \\ 0, & m \neq n, \end{cases}$$

则有

$$\oint_C \frac{f(z)}{(z - z_0)^{m+1}} \mathrm{d}z = \sum_{n=-\infty}^{+\infty} c_n' \oint_C \frac{1}{(z - z_0)^{m-n+1}} \mathrm{d}z = c_n' \cdot 2\pi i,$$

故

$$c_n' = \frac{1}{2\pi i} \oint_C \frac{f(z)}{(z - z_0)^{n+1}} \mathrm{d}z = c_n \quad (n = 0, \pm 1, \pm 2, \cdots).$$

(3) 有了洛朗展式的唯一性后，就可采用更为简便的方法求洛朗展式，只要求出的是形如 $\sum\limits_{n=-\infty}^{+\infty} c_n (z - z_0)^n$ 的级数，且在圆环域 D 内收敛即可.

（4）在 $f(z)$ 的洛朗展式中，级数 $\sum\limits_{n=0}^{+\infty} c_n (z-z_0)^n = \varphi(z)$ 称为 $f(z)$ 的洛朗级数的

解析部分，函数 $\varphi(z)$ 是 $|z-z_0|<R_2$ 内的解析函数；级数 $\sum\limits_{n=-\infty}^{-1} c_n (z-z_0)^n = \psi(z)$ 称

为 $f(z)$ 的洛朗级数的主要部分，函数 $\psi(z)$ 是 $|z-z_0|>R_1$ 内的解析函数，这样就有

$$f(z) = \varphi(z) + \psi(z) \quad (R_1<|z-z_0|<R_2).$$

（5）当 $n \geqslant 0$ 时，显然洛朗级数的系数和泰勒级数的系数在积分形式上一样，但

它不等于 $\dfrac{f^{(n)}(z_0)}{n!}$，这是因为函数 $f(z)$ 在 C 所围成区域内不是处处解析的，而在圆环

域 $D: R_1<|z-z_0|<R_2$ 内解析.

（6）可以证明，洛朗级数的和函数在收敛圆环域内是一个解析函数，且洛朗级数
及其和函数可逐项求导和逐项积分.

4.4.2　求洛朗展式的方法

一般地，计算洛朗级数的系数较难，故很少采用. 常用求洛朗级数的方法是采用
由已知函数的展式和幂级数的运算性质.

例 15　将函数 $f(z) = \dfrac{1}{(z-1)(z-2)}$ 在下列两点处展开为洛朗级数：

（1）$z=0$；　　　　　　（2）$z=1$.

解　（1）因 $f(z)$ 有两个奇点：$z=1$ 和 $z=2$，故有三个以点 $z=0$ 为中心的圆环
域：$|z|<1, 1<|z|<2, 2<|z|<+\infty$.

在 $|z|<1$ 内，有

$$f(z) = \frac{1}{z-2} - \frac{1}{z-1} = -\frac{1}{2} \cdot \frac{1}{1-\dfrac{z}{2}} + \frac{1}{1-z}$$

$$= -\frac{1}{2} \sum_{n=0}^{\infty} \left(\frac{z}{2}\right)^n + \sum_{n=0}^{\infty} z^n = \sum_{n=0}^{\infty} \left(1 - \frac{1}{2^{n+1}}\right) z^n.$$

说明　这就是 $f(z)$ 在 $|z|<1$ 内的泰勒展式，其泰勒展式是洛朗展式的特殊
情况.

在 $1<|z|<2$ 内，有

$$f(z) = \frac{1}{z-2} - \frac{1}{z-1} = -\frac{1}{2} \cdot \frac{1}{1-\dfrac{z}{2}} - \frac{1}{z} \cdot \frac{1}{1-\dfrac{1}{z}}$$

$$= -\frac{1}{2} \sum_{n=0}^{\infty} \left(\frac{z}{2}\right)^n - \frac{1}{z} \sum_{n=0}^{\infty} \left(\frac{1}{z}\right)^n = -\sum_{n=0}^{\infty} \frac{z^n}{2^{n+1}} - \sum_{n=0}^{\infty} \frac{1}{z^{n+1}}.$$

在 $2<|z|<+\infty$ 内，有

$$f(z) = \frac{1}{z-2} - \frac{1}{z-1} = \frac{1}{z} \frac{1}{1-\frac{2}{z}} - \frac{1}{z} \frac{1}{1-\frac{1}{z}}$$

$$= \frac{1}{z} \left[\sum_{n=0}^{\infty} \left(\frac{2}{z}\right)^n - \sum_{n=0}^{\infty} \left(\frac{1}{z}\right)^n \right] = \sum_{n=0}^{\infty} \frac{2^n - 1}{z^{n+1}}.$$

(2) 以 $z=1$ 为中心的圆环域有两个:$0<|z-1|<1,1<|z-1|<+\infty$.

在 $0<|z-1|<1$ 内,有

$$f(z) = \frac{1}{z-2} - \frac{1}{z-1} = -\frac{1}{1-(z-1)} - \frac{1}{z-1} = -\sum_{n=0}^{\infty} (z-1)^n - \frac{1}{z-1}.$$

在 $1<|z-1|<+\infty$ 内,有

$$f(z) = \frac{1}{z-2} - \frac{1}{z-1} = \frac{1}{z-1} \frac{1}{1-\frac{1}{z-1}} - \frac{1}{z-1}$$

$$= \frac{1}{z-1} \sum_{n=0}^{\infty} \left(\frac{1}{z-1}\right)^n - \frac{1}{z-1} = \sum_{n=0}^{\infty} \frac{1}{(z-1)^{n+1}} - \frac{1}{z-1} = \sum_{n=1}^{\infty} \frac{1}{(z-1)^{n+1}}.$$

说明 (1) 从本例看出,若只给出点 z_0,要求将 $f(z)$ 在点 z_0 处展开为洛朗级数,应找出以点 z_0 为中心的圆环域,而确定圆环域的方法取决于点 z_0 到各奇点间的距离,以点 z_0 为中心,以这些距离为半径分别作出同心圆,就可依次找出 $f(z)$ 的一个解析圆环域.

(2) 从本例还可看出,同一个函数可以有几个不同的展式,这与展式的唯一性并不矛盾,因唯一性这个结论是对同一个圆环域而言的,而在不同的圆环域内的展式是不同的.

例 16 求 $f(z) = \frac{1}{z^2+1}$ 在以 $z=\mathrm{i}$ 为中心的圆环域内的洛朗展式.

解 $z=\mathrm{i},z=-\mathrm{i}$ 为 $f(z)$ 的两个奇点,为了展为 $z-\mathrm{i}$ 的级数,故可在以下圆环域内展开:$0<|z-\mathrm{i}|<2,2<|z-\mathrm{i}|<+\infty$.

在圆环域 $0<|z-\mathrm{i}|<2$ 内,有 $\left|\frac{z-\mathrm{i}}{2\mathrm{i}}\right|<1$,故

$$f(z) = \frac{1}{(z-\mathrm{i})(z+\mathrm{i})} = \frac{1}{(z-\mathrm{i})(z-\mathrm{i}+2\mathrm{i})} = \frac{1}{2\mathrm{i}(z-\mathrm{i})} \cdot \frac{1}{1+\frac{z-\mathrm{i}}{2\mathrm{i}}}$$

$$= \frac{1}{2\mathrm{i}(z-\mathrm{i})} \sum_{n=0}^{\infty} (-1)^n \left(\frac{z-\mathrm{i}}{2\mathrm{i}}\right)^n = \sum_{n=0}^{\infty} (-1)^n \frac{(z-\mathrm{i})^{n-1}}{(2\mathrm{i})^{n+1}}.$$

在圆环域 $2<|z-\mathrm{i}|<+\infty$ 内,有 $\left|\frac{2\mathrm{i}}{z-\mathrm{i}}\right|<1$,故

$$f(z) = \frac{1}{(z-\mathrm{i})(z+\mathrm{i})} = \frac{1}{(z-\mathrm{i})(z-\mathrm{i}+2\mathrm{i})} = \frac{1}{(z-\mathrm{i})^2} \cdot \frac{1}{1+\dfrac{2\mathrm{i}}{z-\mathrm{i}}}$$

$$= \frac{1}{(z-\mathrm{i})^2} \sum_{n=0}^{\infty} (-1)^n \left(\frac{2\mathrm{i}}{z-\mathrm{i}}\right)^n = \sum_{n=0}^{\infty} (-1)^n \frac{(2\mathrm{i})^n}{(z-\mathrm{i})^{n+2}}.$$

例 17　求函数 $f(z) = \dfrac{1}{z^2(z-\mathrm{i})}$ 在下列圆环域内的洛朗展式.

(1) $0 < |z| < 1$；(2) $1 < |z| < +\infty$；(3) $0 < |z-\mathrm{i}| < 1$；(4) $1 < |z-\mathrm{i}| < +\infty$.

解　(1) 在圆环域 $0 < |z| < 1$ 内,有

$$f(z) = -\frac{1}{z^2} \cdot \frac{1}{\mathrm{i}-z} = -\frac{1}{\mathrm{i}z^2} \cdot \frac{1}{1-\dfrac{z}{\mathrm{i}}} = \frac{\mathrm{i}}{z^2} \sum_{n=0}^{\infty} \left(\frac{z}{\mathrm{i}}\right)^n = \sum_{n=0}^{\infty} \frac{z^{n-2}}{\mathrm{i}^{n-1}}.$$

(2) 在圆环域 $1 < |z| < +\infty$ 内,有

$$f(z) = \frac{1}{z^3} \cdot \frac{1}{1-\dfrac{\mathrm{i}}{z}} = \frac{1}{z^3} \sum_{n=0}^{\infty} \left(\frac{\mathrm{i}}{z}\right)^n = \sum_{n=0}^{\infty} \frac{\mathrm{i}^n}{z^{n+3}}.$$

(3) 在圆环域 $0 < |z-\mathrm{i}| < 1$ 内,有

$$f(z) = \frac{1}{z-\mathrm{i}} \frac{\mathrm{d}}{\mathrm{d}z}\left(-\frac{1}{z}\right) = \frac{1}{z-\mathrm{i}} \frac{\mathrm{d}}{\mathrm{d}z}\left[\frac{1}{-\mathrm{i}-(z-\mathrm{i})}\right] = \frac{\mathrm{i}}{z-\mathrm{i}} \frac{\mathrm{d}}{\mathrm{d}z}\left(\frac{1}{1+\dfrac{z-\mathrm{i}}{\mathrm{i}}}\right)$$

$$= \frac{\mathrm{i}}{z-\mathrm{i}} \frac{\mathrm{d}}{\mathrm{d}z}\left[\sum_{n=0}^{\infty} (-1)^n \left(\frac{z-\mathrm{i}}{\mathrm{i}}\right)^n\right] = \frac{\mathrm{i}}{z-\mathrm{i}} \sum_{n=0}^{\infty} (-1)^n \frac{n}{\mathrm{i}^n}(z-\mathrm{i})^{n-1}$$

$$= \sum_{n=0}^{\infty} (-1)^n \frac{n}{\mathrm{i}^{n-1}}(z-\mathrm{i})^{n-2}.$$

(4) 在圆环域 $1 < |z-\mathrm{i}| < +\infty$ 内,有

$$f(z) = \frac{1}{z-\mathrm{i}} \frac{\mathrm{d}}{\mathrm{d}z}\left(-\frac{1}{z}\right) = \frac{-1}{z-\mathrm{i}} \frac{\mathrm{d}}{\mathrm{d}z}\left(\frac{1}{z-\mathrm{i}+\mathrm{i}}\right) = \frac{-1}{z-\mathrm{i}} \frac{\mathrm{d}}{\mathrm{d}z}\left(\frac{1}{z-\mathrm{i}} \cdot \frac{1}{1+\dfrac{\mathrm{i}}{z-\mathrm{i}}}\right)$$

$$= \frac{-1}{z-\mathrm{i}} \frac{\mathrm{d}}{\mathrm{d}z}\left[\sum_{n=0}^{\infty} (-1)^n \frac{\mathrm{i}^n}{(z-\mathrm{i})^{n+1}}\right] = \frac{-1}{z-\mathrm{i}} \sum_{n=0}^{\infty} (-1)^{n+1} \frac{(n+1)\mathrm{i}^n}{(z-\mathrm{i})^{n+2}}$$

$$= \sum_{n=0}^{\infty} (-1)^n \frac{(n+1)\mathrm{i}^n}{(z-\mathrm{i})^{n+3}}.$$

小　结

一、复数项级数

对于复数列 $\{\alpha_n\}$、复级数 $\sum\limits_{n=1}^{\infty}\alpha_n$，是利用实数列、实级数（即实部和虚部）研究其敛散性的.

设复数列 $\alpha_n=a_n+ib_n$ 及复数 $\alpha=a+ib$，则 $\lim\limits_{n\to\infty}\alpha_n=\alpha\Leftrightarrow\lim\limits_{n\to\infty}a_n=a,\lim\limits_{n\to\infty}b_n=b$，即复数列收敛的充要条件是实部数列和虚部数列都收敛.

复级数收敛的充要条件是实部级数和虚部级数都收敛，即 $\sum\limits_{n=1}^{\infty}\alpha_n$ 收敛 $\Leftrightarrow\sum\limits_{n=1}^{\infty}a_n$ 收敛，$\sum\limits_{n=1}^{\infty}b_n$ 收敛.

若 $\sum\limits_{n=1}^{\infty}|\alpha_n|$ 收敛，则称 $\sum\limits_{n=1}^{\infty}\alpha_n$ 绝对收敛，并且有 $\sum\limits_{n=1}^{\infty}|\alpha_n|$ 收敛 $\Leftrightarrow\sum\limits_{n=1}^{\infty}|a_n|$ 收敛，$\sum\limits_{n=1}^{\infty}|b_n|$ 收敛.

级数 $\sum\limits_{n=1}^{\infty}\alpha_n$ 收敛的必要条件为 $\lim\limits_{n\to\infty}\alpha_n=0$.

设 $\{f_n(z)\}(n=1,2,\cdots)$ 为定义在区域 D 上的复函数列，则式 $\sum\limits_{n=1}^{\infty}f_n(z)$ 称为复函数项级数. 它的前 n 项和 $S_n(z)=\sum\limits_{k=1}^{n}f_k(z)$ 称为前 n 项部分和.

若对 $z_0\in D$，且 $\lim\limits_{n\to\infty}S_n(z_0)$ 存在，则称 z_0 为复函数项的收敛点，级数收敛点所成的集合称为收敛域. 若对 $z_1\in D$，且 $\lim\limits_{n\to\infty}S_n(z_1)$ 不存在，则称 z_1 为复函数级数的发散点.

若区域 D 是复函数项级数的收敛域，则 $f(z)=\sum\limits_{n=1}^{\infty}f_n(z)(z\in D)$ 称为其和函数.

若 $z\in D$，级数 $\sum\limits_{n=1}^{\infty}|f_n(z)|$ 收敛，称 $\sum\limits_{n=1}^{\infty}f_n(z)$ 在 D 内绝对收敛. 若 $\sum\limits_{n=1}^{\infty}|f_n(z)|$ 收敛，则 $\sum\limits_{n=1}^{\infty}f_n(z)$ 收敛.

二、幂级数

1. 收敛圆和收敛半径

级数 $\sum\limits_{n=1}^{\infty}f_n(z)$ 中的 $f_n(z)$ 都为幂函数，称此级数为幂级数.

由阿贝尔定理可知,幂级数的收敛范围是圆域,称为收敛圆,在圆内幂级数为绝对收敛,在圆外幂级数发散,在圆周上要作具体分析.

收敛圆的半径称为级数的收敛半径,记为 R.

2. 收敛半径的求法

(1) 比值法. 若 $\lim\limits_{n \to \infty} \left| \dfrac{C_{n+1}}{C_n} \right| = \lambda$,则 $R = \dfrac{1}{\lambda} (\lambda \neq 0)$;

(2) 根值法. $\lim\limits_{n \to \infty} \sqrt[n]{|c_n|} = \lambda$,则 $R = \dfrac{1}{\lambda} (\lambda \neq 0)$.

3. 幂级数的运算和性质

1) 运算

设 $f(z) = \sum\limits_{n=0}^{\infty} a_n z^n, R = r_1 ; g(z) = \sum\limits_{n=0}^{\infty} b_n z^n, R = r_2$.

①在共同区域 $|z| < r$ 内,其 $r = \min(r_1, r_2)$,两个级数可以逐项相加、相减、相乘,其结果(和函数)称为 $f(z)$ 和 $g(z)$ 的和、差、积. ②代换运算. 将上式级数第二个代入第一个得

$$f[g(z)] = \sum_{n=0}^{\infty} a_n [g(z)]^n, \qquad |g(z)| < r_1.$$

说明 在函数展为幂级数时其代换运算很常应用,在函数展为泰勒级数、洛朗级数时也很常用.

2) 性质

①幂级数 $\sum\limits_{n=0}^{\infty} c_n z^n$ 的和函数 $f(z)$ 在收敛圆 $|z| < R$ 内解析. ②在收敛圆 $|z| < R$ 内,幂级数与和函数可以逐项求导和逐项积分,即

$$f'(z) = \sum_{n=0}^{\infty} c_n (z^n)', \qquad \int_C f(z) \mathrm{d}z = \sum_{n=0}^{\infty} c_n \int_C z^n \mathrm{d}z.$$

三、泰勒级数

(1) 泰勒展开定理:若函数 $f(z)$ 在圆域 $|z| < R$ 内解析,则在此圆域内 $f(z)$ 可以展成幂级数 $f(z) = \sum\limits_{n=0}^{\infty} \dfrac{f^{(n)}(z_0)}{n!}(z - z_0)$. 此展式是唯一的.

说明 将函数 $f(z)$ 展成级数时,如何确定圆域 $|z - z_0| < R$? 应选圆心 z_0 到奇点的距离作为半径 R,即在以 z_0 为圆心,以 R 为半径的圆域内 $f(z)$ 解析,从而在此圆域内可展成幂级数. 由此可见在收敛圆的圆周上至少有一个奇点.

（2）展开成泰勒级数的方法.①计算系数法（直接法），即直接计算泰勒系数

$$c_n = \frac{f^{(n)}(z_0)}{n!}, \quad n=0,1,2,\cdots.$$

②代换方法（间接法），就是利用已知函数的展开式$\left(\text{如 } e^z, \sin z, \cos z, \ln(1+z),\right.$ $\left.\frac{1}{1-z}\text{等}\right)$进行变量代换得其所求函数的展开法.

③导数（积分）法（间接法），就是利用已知函数的展开式进行逐项求导（或积分）得其所求函数的展开法.

四、洛朗级数

（1）洛朗展开定理：若函数 $f(z)$ 在圆环域 $R_1 < |z-z_0| < R_2$ 内解析，则在此圆环域内可以展成幂级数 $f(z) = \sum_{n=-\infty}^{+\infty} c_n(z-z_0)^n$，其中 $c_n = \frac{1}{2\pi i}\oint_C \frac{f(z)}{(z-z_0)^{n+1}}dz(n=0,$ $\pm 1, \pm 2, \cdots)$，C 为圆环域内绕 z_0 的任何一条简单闭曲线. 此展式是唯一的.

（2）展开成洛朗级数的方法. 因为洛朗级数是泰勒级数的推广，所以展开方法两者很类似，但计算系数方法，洛朗级数一般不采用. 展开洛朗级数的方法一般是用代换方法和导数（积分）法.

说明　将函数 $f(z)$ 展成洛朗级数时，确定圆环域是关键. 至于圆环域确定的方法详见本章例 15 后的说明（1）.

习　题

1. 下列复数列 $\{\alpha_n\}$ 是否收敛？若收敛，求出其极限：

（1）$\alpha_n = \left(\frac{i}{1+i}\right)^n$；　　（2）$\alpha_n = \left(1+\frac{i}{2}\right)^{-n}$；　　（3）$\alpha_n = i^n + \frac{1}{n}$；

（4）$\alpha_n = \left(\frac{1}{1-i}\right)^n$；　　（5）$\alpha_n = \frac{1}{n}e^{-\frac{n\pi i}{2}}$；　　（6）$\alpha_n = \frac{n!}{n^n}i^n$.

2. 下列复数项级数是否收敛？是否绝对收敛？

（1）$\sum_{n=1}^{\infty} \frac{(1+i)^2}{n}$；　　　　　　　　　　（2）$\sum_{n=1}^{\infty} \frac{i^n}{n!}$；

（3）$\sum_{n=1}^{\infty} \left(\frac{1}{2^n} + \frac{i}{n}\right)$；　　　　　　　（4）$\sum_{n=2}^{\infty} \frac{i^n}{\ln n}$.

3. 求证级数 $\sum_{n=1}^{\infty} \left(\frac{z}{2}\right)^2$ 当 $|z| < 2$ 时绝对收敛.

4. 求下列幂级数的收敛半径：

（1）$\sum_{n=0}^{\infty} \frac{n^2}{e^n}z^n$；　　（2）$\sum_{n=1}^{\infty} \frac{n!}{n^n}z^n$；　　（3）$\sum_{n=1}^{\infty} \left(\frac{z}{n}\right)^n$；

(4) $\displaystyle\sum_{n=0}^{\infty}\frac{n}{2^n}z^n$;　　　　　(5) $\displaystyle\sum_{n=1}^{\infty}n^n z^n$;　　　　　(6) $\displaystyle\sum_{n=1}^{\infty}\left(1+\frac{1}{n}\right)^{n^2}z^n$.

5. 若 $\displaystyle\sum_{n=0}^{\infty}\alpha_n z^n$ 的收敛半径为 R,求证 $\displaystyle\sum_{n=0}^{\infty}(\mathrm{Re}\,\alpha_n)z^n$ 的收敛半径 $\geqslant R$.

6. 求证:若 $\displaystyle\lim_{n\to\infty}\frac{\alpha_{n+1}}{\alpha_n}$ 存在,下列三个幂级数有相同的收敛半径:

$$\sum_{n=1}^{\infty}\alpha^n z^n,\quad \sum_{n=1}^{\infty}\frac{\alpha^n}{n+1}z^{n+1},\quad \sum_{n=1}^{\infty}n\alpha^n z^{n-1}.$$

7. 把下列函数展成 z 的幂级数,并指出它们的收敛半径:

(1) $\dfrac{1}{1+z^3}$;　　　　　(2) $\dfrac{1}{(1-z)^2}$;　　　　　(3) $\cos z^2$;

(4) $\cos^2 z$;　　　　　(5) $\mathrm{sh}\,z$;　　　　　(6) e^{z^2}.

8. 把下列函数在指定点处展成泰勒级数,并指出它们的收敛半径:

(1) $\dfrac{z-1}{z+1}$,$z_0=1$;　(2) $\dfrac{1}{(z-2)(z+1)}$,$z_0=2$;　(3) $\dfrac{z}{z+2}$,$z_0=2$;　(4) $\dfrac{1}{4-3z}$,$z_0=1+\mathrm{i}$;

(5) $\sin z$,$z_0=\pi$;　(6) $\dfrac{1}{(1-z)^2}$,$z_0=0$;　　(7) $\sin^2 z$,$z_0=0$;　(8) $\dfrac{2z-1}{(z+2)(3z-1)}$,$z_0=0$.

9. 下面的结论是否正确:

$$\frac{z}{1-z}=z+z^2+z^3+z^4+\cdots,$$

$$\frac{z}{z-1}=1+\frac{1}{z}+\frac{1}{z^2}+\frac{1}{z^3}+\cdots,$$

因为 $\dfrac{z}{1-z}+\dfrac{z}{z-1}=0$,所以 $\cdots+\dfrac{1}{z^3}+\dfrac{1}{z^2}+\dfrac{1}{z}+1+z+z^2+z^3+\cdots=0$.

10. 将下列函数在指定的圆环域 D 内展为洛朗级数:

(1) $\dfrac{1}{(z-1)(z-2)}$,$1<|z|<2$,$1<|z-2|<+\infty$;

(2) $\dfrac{1}{z(1-z)^2}$,$0<|z|<1$,$0<|z-1|<1$;

(3) $\dfrac{1}{1+z}\mathrm{e}^{\frac{1}{z+1}}$,$1<|z+1|<+\infty$;

(4) $\dfrac{1}{1+z^2}$,$0<|z+\mathrm{i}|<2$,$2<|z+\mathrm{i}|<+\infty$;

(5) $\dfrac{1}{z^2(z-\mathrm{i})}$,在以 i 为中心的圆环域内;

(6) $\dfrac{z^2-1}{(z+2)(z+3)}$,$2<|z|<3$,$3<|z|<+\infty$.

11. 若 C 为正向圆周 $|z|=3$,求积分的值,设 $f(z)$ 为

(1) $\dfrac{1}{z(z+2)}$;　　(2) $\dfrac{z+2}{(z+1)z}$;　　(3) $\dfrac{1}{z(z+1)^2}$;　　(4) $\dfrac{z}{(z+1)(z+2)}$.

第 5 章　留数理论及其应用

第 4 章里介绍了洛朗级数,当 $n=-1$ 时,其系数为 c_{-1},它与复积分有如下关系: $\oint_C f(z) = 2\pi i c_{-1}$(这在第 4 章习题第 11 题已遇到),说明复积分与洛朗级数有着密切的联系,故本章是第 3 章的继续.

本章在讲解孤立奇点的基础上,介绍留数的定义、留数定理、留数的计算方法,最后讲解留数在定积分上的应用,从而使高等数学中某些难以解决的积分,用复积分很容易得到解决.

5.1　孤立奇点

5.1.1　孤立奇点的概念及其类型

1. 孤立奇点的概念

定义 5.1.1　设 $f(z)$ 在点 z_0 处不解析,且在 z_0 的去心邻域 $0<|z-z_0|<\delta$ 内解析(即无其他奇点),称 z_0 为 $f(z)$ 的孤立奇点.

例如,函数 $\dfrac{\sin z}{z}$,$\dfrac{1}{z^2}$,$e^{\frac{1}{z}}$ 都以 $z=0$ 为孤立奇点.

说明　不可以认为凡是奇点都是孤立奇点,如 $\sin\dfrac{1}{\frac{\pi}{z}}$ 以 $z=0$ 为奇点. 但它不是

孤立奇点,若取数列 $\left\{z=\dfrac{1}{n}\right\}$ $(n=\pm1,\pm2,\cdots)$,则该函数在 $z=0$ 的邻域里有无穷多

个奇点,因而 $z=0$ 不是函数 $\sin\dfrac{1}{\frac{\pi}{z}}$ 的孤立奇点,而我们主要研究的是孤立奇点.

2. 孤立奇点的分类

设 z_0 是 $f(z)$ 的孤立奇点,则在圆环域 $0<|z-z_0|<\delta$ 内 $f(z)$ 可展成洛朗级数

$$f(z) = \sum_{n=0}^{\infty} c_n (z-z_0)^n + \sum_{n=1}^{\infty} c_{-n} (z-z_0)^{-n},$$

其中负幂项即主要部分 $\sum_{n=1}^{\infty} c_{-n}(z-z_0)^{-n}$ 决定了奇点的性质,进行分类.

定义 5.1.2　设 z_0 是 $f(z)$ 的孤立奇点,且在圆环域 $0<|z-z_0|<\delta$ 内洛朗级数展式有如下三种情况:

(1) 若没有负幂项,称 z_0 为 $f(z)$ 的可去奇点.

(2) 若有负幂项,且最高次为 $(z-z_0)^{-m}$,即

$$f(z)=c_{-m}(z-z_0)^{-m}+\cdots+c_{-1}(z-z_0)^{-1}+c_0+c_1(z-z_0)^1+\cdots,$$

称 z_0 为 $f(z)$ 的 m 级极点.

(3) 若有无穷多个负幂项,称 z_0 为 $f(z)$ 的本性奇点.

例 1　设 $\dfrac{\sin z}{z}=1-\dfrac{z^2}{3!}+\dfrac{z^4}{5!}-\dfrac{z^6}{7!}+\cdots$,此展式中没有负幂项,称 $z=0$ 是 $\dfrac{\sin z}{z}$ 的可去奇点.若约定在 $z=0$ 的值为 1,$\dfrac{\sin z}{z}$ 在 $z=0$ 处就成为解析的了.

例 2　设 $f(z)=(z-3)^{-2}+(z-3)^{-1}+1+(z-3)+(z-3)^2+\cdots+(z-3)^n+\cdots$,此展式中负幂项最高次为 $(z-3)^{-2}$,故 $z=3$ 是 $f(z)$ 的二级极点.

例 3　设 $\mathrm{e}^{\frac{1}{z}}=1+z^{-1}+\dfrac{1}{2!}z^{-2}+\cdots+\dfrac{1}{n!}z^{-n}+\cdots$,此展式中有无穷多个负幂项,故 $z=0$ 是 $\mathrm{e}^{\frac{1}{z}}$ 的本性奇点.

说明　按定义 5.1.2 可判定孤立奇点的类型,但此判定比较麻烦,下面的办法会方便些.

5.1.2　孤立奇点类型的判别

1. 可去奇点

定理 5.1.1　设函数 $f(z)$ 在圆环域 $0<|z-z_0|<R$ 内解析,则 z_0 是 $f(z)$ 的可去奇点的充要条件是:有 $\lim\limits_{z\to z_0}f(z)=c_0$,其中 c_0 为复数.

证　必要性.设 z_0 是 $f(z)$ 的可去奇点,故在圆环域 $0<|z-z_0|<R$ 内有洛朗展式

$$f(z)=c_0+c_1(z-z_0)+\cdots+c_n(z-z_0)^n+\cdots.$$

于是 $\lim\limits_{z\to z_0}f(z)=c_0$.

充分性.设 $0<|z-z_0|<R$ 内 $f(z)$ 的洛朗展式为 $f(z)=\sum\limits_{n=-\infty}^{+\infty}c_n(z-z_0)^n$,其中

$$c_n=\frac{1}{2\pi\mathrm{i}}\oint_{C_\rho}\frac{f(\zeta)}{(\zeta-z_0)^{n+1}}\mathrm{d}\zeta, \tag{5.1}$$

C_ρ 是圆周 $|z-z_0|=\rho(0<\rho<R)$,$n=0,\pm1,\pm2,\cdots$. 当 $z=z_0$ 时,$f(z)$ 有极限,故存在正数 $\delta(\leqslant R)$ 及 M,使在 $0<|z-z_0|<\delta$ 内 $|f(z)|\leqslant M$,在 (5.1) 式中取 ρ,使 $0<\rho<\delta$,则有

$$|c_n| \leqslant \frac{M}{2\pi} \cdot \frac{2\pi\rho}{\rho^{n+1}} = \frac{M}{\rho^n} \quad (n=0,\pm 1,\pm 2,\cdots)$$

当 $n=-1,-2,\cdots$ 时,上式 $\rho \rightarrow 0$,就有 $c_n=0$,故 z_0 是 $f(z)$ 的可去奇点.

2. 极点

定理 5.1.2 设函数 $f(z)$ 在圆环域 $0<|z-z_0|<R$ 内解析,则 z_0 是 $f(z)$ 的极点的充要条件是有:$\lim\limits_{z \rightarrow z_0} f(z) = \infty$.

证 必要性. 设 z_0 是 $f(z)$ 的极点(m 级),故在圆环域 $0<|z-z_0|<R$ 有洛朗展式 $f(z) = \dfrac{c_{-m}}{(z-z_0)^m} + \cdots + \dfrac{c_{-1}}{z-z_0} + c_0 + c_1(z-z_0) + \cdots + c_n(z-z_0)^n + \cdots, c_{-m} \neq 0$,于是在 $0<|z-z_0|<R$ 内,有

$$f(z) = \frac{1}{(z-z_0)^m}\big[c_{-m} + \cdots + c_{-1}(z-z_0)^{m-1} + c_0(z-z_0)^m + c_1(z-z_0)^{m+1}$$

$$+ \cdots + c_n(z-z_0)^{n+m} + \cdots\big] = \frac{1}{(z-z_0)^m}\varphi(z), \tag{5.2}$$

其中 $\varphi(z)$ 是在 $|z-z_0|<R$ 内的解析函数,并且 $\varphi(z_0) \neq 0$,则有 $\lim\limits_{z \rightarrow z_0} f(z) = \infty$.

充分性. 若 $\lim\limits_{z \rightarrow z_0} f(z) = \infty$,则 $f(z)$ 可表示为(5.2)式,$\varphi(z)$ 在 $|z-z_0|<R$ 内是解析函数,且 $\varphi(z_0) \neq 0$,故 z_0 是 $f(z)$ 的 m 级极点($m \geqslant 1$).

3. 本性奇点

定理 5.1.3 设函数 $f(z)$ 在圆环域 $0<|z-z_0|<R$ 内解析,则 z_0 是 $f(z)$ 的本性奇点的充要条件是:$\lim\limits_{z \rightarrow z_0} f(z)$ 不存在且不为无穷.

例 4 判别函数 $f(z) = \dfrac{\sin z}{z}$ 的孤立奇点类型.

解 因 $\lim\limits_{z \rightarrow 0} \dfrac{\sin z}{z} = \lim\limits_{z \rightarrow 0} \dfrac{\cos z}{1} = 1$,故 $z=0$ 是 $\dfrac{\sin z}{z}$ 的可去奇点.

说明 这里的极限用到了洛必达法则,见习题.

例 5 判别函数 $f(z) = \dfrac{1}{(z^2+1)(z-1)^2}$ 的孤立奇点类型.

解 $z=\mathrm{i}, z=-\mathrm{i}$ 和 $z=1$ 是 $f(z)$ 的孤立奇点,且有 $f(z) = \dfrac{1}{(z-\mathrm{i})(z+\mathrm{i})(z-1)^2}$,由定理 5.1.2 可见 $z=\mathrm{i}, z=-\mathrm{i}$ 均为 $f(z)$ 的一级极点,$z=1$ 为 $f(z)$ 的二级极点.

例 6 判别函数 $f(z) = \dfrac{\mathrm{e}^z - 1}{z^5}$ 的孤立奇点类型.

解 因 $\lim\limits_{z \to 0} \dfrac{\mathrm{e}^z - 1}{z^5} = \lim\limits_{z \to 0} \dfrac{\mathrm{e}^z}{5z^4} = \infty$，故 $z = 0$ 是函数 $\dfrac{\mathrm{e}^z - 1}{z^5}$ 的四级极点.

说明 在求函数的极点时，不能只看其形式就盲目作出结论. 例如，函数 $f(z) = \dfrac{\mathrm{e}^z - 1}{z^5}$，从表面形式上看 $z = 0$ 误以为是五级极点，其实是四级极点，因为 $z = 0$ 使函数 $\dfrac{\mathrm{e}^z - 1}{z^5}$ 的分子和分母均等于零，$\dfrac{\mathrm{e}^z - 1}{z^5}$ 消去零因子后的函数为 $\dfrac{\mathrm{e}^z}{5z^4}$，所以 $\dfrac{\mathrm{e}^z}{5z^4}$ 的极点级别就是函数 $\dfrac{\mathrm{e}^z - 1}{z^5}$ 的极点级别.

例 7 求证 $z = 0$ 是 $\mathrm{e}^{\frac{1}{z}}$ 的本性极点.

证 因当 z 沿虚轴趋向于 0 时，$\lim\limits_{z \to 0} \mathrm{e}^{\frac{1}{z}}$ 不存在，即 $\lim\limits_{y \to 0} \mathrm{e}^{\frac{1}{yi}} = \lim\limits_{y \to 0} \mathrm{e}^{-\frac{1}{y}i} = \lim\limits_{y \to 0} \left(\cos\dfrac{1}{y} - \mathrm{i}\sin\dfrac{1}{y} \right)$ 不存在，故 $z = 0$ 是 $\mathrm{e}^{\frac{1}{z}}$ 的本性极点.

5.1.3 零点与极点的关系

定义 5.1.3 设 $f(z) = (z - z_0)^m \varphi(z)$，其中 $\varphi(z)$ 在点 z_0 处解析，且 $\varphi(z_0) \neq 0$，称 z_0 为 $f(z)$ 的 m 级零点.

说明 这里 $f(z)$ 含有 $(z - z_0)^m$，故很容易看出 z_0 为 $f(z)$ 的 m 级零点. 但有的函数它含有多少个零因子不太明显，如 $z = 0$ 是 $z - \sin z$ 的零因子，至于多少级就很难确定，这就需要更加有效的判别法，为此给出如下办法.

定理 5.1.4 设 $f(z)$ 在点 z_0 处解析，则 z_0 是 $f(z)$ 的 m 级零点的充要条件为

$$f(z_0) = 0, f'(z_0) = 0, \cdots, f^{(m-1)}(z_0) = 0, f^{(m)}(z_0) \neq 0. \tag{5.3}$$

证 必要性. 若 z_0 是 $f(z)$ 的 m 级零点，则 $f(z)$ 可写为 $f(z) = (z - z_0)^m \varphi(z)$，设 $\varphi(z)$ 在点 z_0 处的泰勒展式为

$$\varphi(z) = c_0 + c_1(z - z_0) + c_2(z - z_0)^2 + \cdots,$$

其中 $c_0 = \varphi(z_0) \neq 0$，这样 $f(z)$ 在点 z_0 处的泰勒展式为

$$f(z) = c_0(z - z_0)^m + c_1(z - z_0)^{m+1} + c_2(z - z_0)^{m+2} + \cdots,$$

由此式可见当 $n = 0, 1, \cdots, m - 1$ 时 $f^{(n)}(z_0) = 0$，而 $f^{(m)}(z_0) = m!$，这就证明了 z_0 为 $f(z)$ 的 m 级零点的必要条件.

充分性请读者自己加以证明.

例 8 设 $f(z) = z - \sin z$，问 $z = 0$ 是 $f(z)$ 的几级零点.

解 由 $f(z)$ 得 $f'(z) = 1 - \cos z$，$f''(z) = \sin z$，$f'''(z) = \cos z$，而 $f'''(0) = 1$，由定理 5.1.4 可知 $z = 0$ 是 $f(z)$ 的三级零点.

说明 由 $\varphi(z)$ 在点 z_0 处解析得 $\varphi(z)$ 在点 z_0 处连续，且 $\varphi(z_0) \neq 0$，故 $\varphi(z)$ 在点 z_0 的邻域内不为 0，因此 $f(z) = (z - z_0)^m \varphi(z)$ 在 z_0 的去心邻域内也不为 0（只

在 z_0 处为 0），这就是说，一个不恒为零的解析函数，其零点是孤立的.

零点和极点之间有如下关系.

定理 5.1.5 若 z_0 是 $f(z)$ 的 m 级零点，则 z_0 是 $\dfrac{1}{f(z)}$ 的 m 级极点，反之也成立.

证 设 z_0 是 $f(z)$ 的 m 级零点，由定义有 $f(z)=(z-z_0)^m\varphi(z)$，其中 $\varphi(z)$ 在 z_0 处解析，且 $\varphi(z_0)\neq 0$.

当 $z\neq z_0$ 时，有 $\dfrac{1}{f(z)}=\dfrac{1}{(z-z_0)^m\varphi(z)}=\dfrac{1}{(z-z_0)^m}\psi(z)$，而 $\psi(z)=\dfrac{1}{\varphi(z)}$ 在 z_0 解析，且 $\psi(z_0)\neq 0$，故 z_0 是 $\dfrac{1}{f(z)}$ 的 m 级极点.

反之，若 z_0 是 $\dfrac{1}{f(z)}$ 的 m 级极点，则 $\dfrac{1}{f(z)}=\dfrac{1}{(z-z_0)^m}g(z)$，其中 $g(z)$ 在 z_0 解析且 $g(z_0)\neq 0$，于是有 $f(z)=(z-z_0)^m\dfrac{1}{g(z)}=(z-z_0)^m h(z)$，函数 $h(z)=\dfrac{1}{g(z)}$ 也在 z_0 解析且 $h(z_0)\neq 0$，则由定义可知 z_0 是 $f(z)$ 的 m 级零点.

说明 这个定理就为判别函数的极点提供了简捷的方法.

例 9 指出函数 $\dfrac{1}{\sin\pi z}$ 的奇点和它的级.

解 凡是使 $\sin\pi z=0$ 的点都是 $\dfrac{1}{\sin\pi z}$ 的奇点，这些奇点为 $z=k(k=0,\pm 1,\pm 2,\cdots)$，它们都是孤立奇点，又由

$$(\sin\pi z)'|_{z=k}=\pi\cos\pi z|_{z=k}=\pi\cos k\pi=(-1)^k\pi\neq 0 \quad (k=0,\pm 1,\pm 2,\cdots),$$

根据定理 5.1.5，$z=k$ 是 $\sin\pi z$ 的一级零点，也就是为 $\dfrac{1}{\sin\pi z}$ 的一级极点.

例 10 指出 $\dfrac{1}{(z^2+4)^2}$ 的奇点和它的级.

解 凡是使 $z^2+4=0$ 的点都是 $\dfrac{1}{(z^2+4)^2}$ 的奇点. 这些奇点为 $z=\pm 2i$，它们都是孤立奇点，又由

$$[(z^2+4)^2]'=2(z^2+4)\cdot 2z=4z(z^2+4),$$
$$[(z^2+4)^2]''=4(z^2+4+z\cdot 2z)=4[(z^2+4)+2z^2],$$
$$[(z^2+4)^2]'|_{z=\pm 2i}=0,$$
$$[(z^2+4)^2]''|_{z=\pm 2i}=-32\neq 0,$$

根据定理 5.1.5，$z=\pm 2i$ 是 $(z^2+4)^2$ 的二级零点，也就是 $\dfrac{1}{(z^2+4)^2}$ 的二级极点.

5.2　留　　数

5.2.1　留数的概念

定义 5.2.1　设函数 $f(z)$ 在 $0<|z-z_0|<R$ 内解析,点 z_0 为 $f(z)$ 的一个孤立奇点,C 是任意正向圆周 $|z-z_0|=\rho<R$,则积分

$$\frac{1}{2\pi i}\oint_C f(z)\mathrm{d}z \tag{5.4}$$

的值称为 $f(z)$ 在点 z_0 处的留数,记为 $\mathrm{Res}[f(z),z_0]$,简记为 $\underset{z=z_0}{\mathrm{Res}}f(z)$ 或 $\mathrm{Res}f(z_0)$.

说明　(1) 由多连通区域上的柯西定理可知积分 $\oint_C f(z)\mathrm{d}z$ 不由圆周 C 而定,故这样定义的留数是唯一的.

(2) 在孤立奇点 z_0 处的邻域 $0<|z-z_0|<R$ 内将 $f(z)$ 展成洛朗级数:

$$f(z)=\sum_{n=-\infty}^{+\infty}c_n\,(z-z_0)^n.$$

上式逐项沿 C 积分,由于

$$\oint_C\frac{1}{(z-z_0)^{n+1}}\mathrm{d}z=\begin{cases}2\pi i, & n=0,\\ 0, & n\neq 0,\end{cases}$$

故洛朗级数展式的右端各项积分,除负一次幂项积分不为 0 外,其余积分均为 0,即 $\oint_C f(z)\mathrm{d}z=2\pi i c_{-1}$,因此 $f(z)$ 在点 $z=z_0$ 处的留数为

$$\mathrm{Res}[f(z),z_0]=\frac{1}{2\pi i}\oint_C f(z)\mathrm{d}z=c_{-1}. \tag{5.5}$$

(3) 由(5.5)式可以展成洛朗级数求留数,即求 c_{-1},也可以用(5.4)式的积分求留数.利用(5.5)式并可积分.

例 11　计算函数 $z^3\cos\dfrac{1}{z}$ 在孤立奇点处的留数.

解　$z=0$ 是 $z^3\cos\dfrac{1}{z}$ 的孤立奇点,由洛朗展式得

$$z^3\cos\frac{1}{z}=z^3\left(1-\frac{1}{2!}z^{-2}+\frac{1}{4!}z^{-4}-\frac{1}{6!}z^{-6}+\cdots\right),$$

此式负一次幂项 $c_{-1}=\dfrac{1}{4!}$,故 $\mathrm{Res}\left[z^3\cos\dfrac{1}{z},0\right]=\dfrac{1}{4!}$.

例 12　计算函数 $\dfrac{1}{z^2-2z}$ 在孤立奇点处的留数.

解　$z=0$，$z=2$ 是 $\dfrac{1}{z^2-2z}$ 的孤立奇点.

在 $0<|z|<2$ 内，有

$$\frac{1}{z^2-2z}=\frac{-1}{2z}\cdot\frac{1}{1-\dfrac{z}{2}}=-\frac{1}{2z}\Big[1+\frac{z}{2}+\Big(\frac{z}{2}\Big)^2+\cdots+\Big(\frac{z}{2}\Big)^{n-1}+\cdots\Big],$$

故由(5.5)式得 $\operatorname{Res}\Big[\dfrac{1}{z^2-2z},0\Big]=-\dfrac{1}{2}$.

$0<|z-2|<1$ 内，有

$$\frac{1}{z^2-2z}=\frac{1}{z}\cdot\frac{1}{z-2}=\frac{1}{z-2}\cdot\frac{1}{z-2+2}=\frac{1}{2}\Big[\frac{1}{z-2}\cdot\frac{1}{\Big(1+\dfrac{z-2}{2}\Big)}\Big]$$

$$=\frac{1}{2(z-2)}\Big[1-\Big(\frac{z-2}{2}\Big)+\Big(\frac{z-2}{2}\Big)^2-\cdots\Big],$$

故由(5.5)式得 $\operatorname{Res}\Big[\dfrac{1}{z^2-2z},2\Big]=\dfrac{1}{2}$.

例 13　计算 $\displaystyle\oint_C\frac{\cos z}{z^5}\mathrm{d}z$.

解　将 $\dfrac{\cos z}{z^5}$ 在圆环域 $0<|z|<+\infty$ 内展成洛朗级数

$$\frac{\cos z}{z^5}=\frac{1}{z^5}\Big[1-\frac{1}{2!}z^2+\frac{1}{4!}z^4-\cdots\Big],$$

故由(5.5)式得 $c_{-1}=\dfrac{1}{4!}$，按(5.4)式有

$$\oint_C\frac{\cos z}{z^5}\mathrm{d}z=\frac{1}{4!}\cdot2\pi\mathrm{i}=\frac{1}{12}\pi\mathrm{i}.$$

说明　此积分在高等数学里是不可积的，这里应用留数就可求出此积分，且很方便.

5.2.2　留数定理

问题提出：应用留数可以求积分，这只是对一个孤立奇点而言（见例13），若被积函数多于一个孤立奇点时，其积分如何求呢？

定理 5.2.1　设函数 $f(z)$ 在区域 D 内除 n 个孤立奇点 $z_1,z_2,\cdots,z_n$ 外处处解析，C 为 D 内包围各奇点的一条正向简单闭曲线，则

$$\oint_C f(z)\mathrm{d}z=2\pi\mathrm{i}\Big[\operatorname*{Res}_{z=z_1}f(z)+\cdots+\operatorname*{Res}_{z=z_n}f(z)\Big].\tag{5.6}$$

　　证　在 C 内作 n 条互不相交、互不包含的正向简单闭曲线,分别包围 n 个奇点,由于 $f(z)$ 在以 C 和 $C_1, C_2, \cdots, C_n$ 为边界的多连通区域内解析(图 5.1),故可利用复合闭路定理得

$$\oint_C f(z)\mathrm{d}z = \oint_{C_1} f(z)\mathrm{d}z + \cdots + \oint_{C_n} f(z)\mathrm{d}z = \sum_{k=1}^n \oint_{C_k} f(z)\mathrm{d}z,$$

以 $2\pi\mathrm{i}$ 除等式得

$$\frac{1}{2\pi\mathrm{i}} \oint_C f(z)\mathrm{d}z = \sum_{k=1}^n \frac{1}{2\pi\mathrm{i}} \oint_{C_k} f(z)\mathrm{d}z = \sum_{k=1}^n \operatorname*{Res}_{z=z_k} f(z),$$

即有(5.6)式.

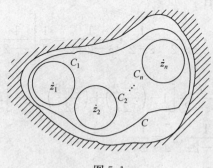

图 5.1

　　说明　留数定理把求围道积分的整体问题转化为求各孤立奇点处留数的局部问题.

　　例 14　计算 $\oint_C f(z)\mathrm{d}z$, 其中 $C: |z| = 3, f(z) = \dfrac{1}{z(z+1)(z+4)}$.

　　解　在 C 内包含两个孤立奇点 $z = 0, z = -1$.

　　在 $0 < |z| < 1$ 内,有

$$f(z) = \frac{1}{3z}\left(\frac{1}{z+1} - \frac{1}{z+4}\right) = \frac{1}{3z} \cdot \left[\frac{1}{1+z} - \frac{1}{4\left(1+\dfrac{z}{4}\right)}\right]$$

$$= \frac{1}{3z}\left\{(1 - z + z^2 - \cdots) - \frac{1}{4}\left[1 - \frac{z}{4} + \left(\frac{z}{4}\right)^2 - \cdots\right]\right\}$$

$$= \frac{1}{3z}(1 - z + z^2 - \cdots) - \frac{1}{12z}\left[1 - \frac{z}{4} + \left(\frac{z}{4}\right)^2 - \cdots\right],$$

这时 $c_{-1} = \dfrac{1}{3} - \dfrac{1}{12} = \dfrac{1}{4}$,故 $\operatorname{Res}[f(z), 0] = \dfrac{1}{4}$.

　　在 $0 < |z+1| < 1$ 内,有

$$f(z) = \frac{1}{z+1} \cdot \frac{1}{z(z+4)} = \frac{1}{4(z+1)}\left(\frac{1}{z} - \frac{1}{z+4}\right)$$

$$= \frac{1}{4(z+1)} \left[\frac{-1}{1-(z+1)} - \frac{1}{3+(z+1)} \right]$$

$$= \frac{1}{4(z+1)} \left[\frac{-1}{1-(z+1)} - \frac{1}{3\left(1+\frac{z+1}{3}\right)} \right]$$

$$= \frac{-1}{4(z+1)} \left\{ 1+(z+1)+(z+1)^2+\cdots+\frac{1}{3}\left[1-\left(\frac{z+1}{3}\right)+\left(\frac{z+1}{3}\right)^2-\cdots\right] \right\},$$

这时 $c_{-1} = -\frac{1}{4} - \frac{1}{12} = -\frac{1}{3}$，故 $\text{Res}[f(z), -1] = -\frac{1}{3}$.

由留数定理得

$$\oint_{|z|=3} f(z)\mathrm{d}z = 2\pi\mathrm{i}\{\text{Res}[f(z),0] + \text{Res}[f(z),-1]\} = 2\pi\mathrm{i}\left(\frac{1}{4}-\frac{1}{3}\right) = -\frac{1}{6}\pi\mathrm{i}.$$

说明　在洛朗级数中，令 $n=-1$ 得

$$c_{-1} = \frac{1}{2\pi\mathrm{i}} \oint_C f(z)\mathrm{d}z, \tag{5.7}$$

其中 C 为圆环域 $R_1 < |z-z_0| < R_2$ 内包围 z_0 的任一条正向简单闭曲线，则

$$\oint_C f(z)\mathrm{d}z = 2\pi\mathrm{i}c_{-1}. \tag{5.8}$$

5.2.3　留数计算

求点 $z=z_0$ 处的留数，若已知点 z_0 是什么类型的奇点，会很方便，一般来说：

(1) 若 z_0 为 $f(z)$ 的本性极点，则将函数展为洛朗级数，其负一次幂项系数 c_{-1} 就是所求的留数，对奇点性质不明显时，也可用这种方法.

(2) 若 z_0 为 $f(z)$ 的可去奇点，则 $\text{Res}[f(z),z_0]=0$，即洛朗展式中没有负幂项.

(3) 若 z_0 为 $f(z)$ 的极点，则按下面的留数规则求留数.

规则 I　若 z_0 为 $f(z)$ 的一级极点，则

$$\text{Res}[f(z),z_0] = \lim_{z\to 0}(z-z_0)f(z_0). \tag{5.9}$$

证　因 z_0 为 $f(z)$ 的一级极点，则

$$f(z) = c_{-1}(z-z_0)^{-1} + \sum_{n=0}^{\infty} c_n(z-z_0)^n.$$

此式两边乘 $(z-z_0)$ 得 $(z-z_0)f(z) = c_{-1} + \sum_{n=0}^{\infty} c_n(z-z_0)^{n+1}$，两边取极限得

$$c_{-1} = \lim_{z\to z_0}(z-z_0)f(z).$$

例 15　用规则 I 计算例 14 的积分.

解　$z=0$ 和 $z=1$ 均为 $f(z) = \dfrac{1}{z(z+1)(z+4)}$ 的一级极点（在 $|z|=3$ 内），则

$$\mathrm{Res}[f(z),0]=\lim_{z\to 0}z\,\frac{1}{z(z+1)(z+4)}=\frac{1}{4},$$

$$\mathrm{Res}[f(z),-1]=\lim_{z\to -1}(z+1)\frac{1}{z(z+1)(z+4)}=-\frac{1}{3}.$$

由定理 5.2.1 得

$$\oint_{|z|=3}f(z)\mathrm{d}z=2\pi\mathrm{i}\{\mathrm{Res}[f(z),0]+\mathrm{Res}[f(z),-1]\}=2\pi\mathrm{i}\Big(\frac{1}{4}-\frac{1}{3}\Big)=-\frac{1}{6}\pi\mathrm{i}.$$

说明　由此题可见,用留数规则求留数比用留数定义简单得多,根据留数定理求其积分,只需求曲线 C 所围成奇点的留数.

规则 Ⅱ　若 z_0 为 $f(z)$ 的 m 级极点,则

$$\mathrm{Res}[f(z),z_0]=\frac{1}{(m-1)!}\lim_{z\to z_0}[(z-z_0)^m f(z)]^{(m-1)}. \tag{5.10}$$

证　因 z_0 为 $f(z)$ 的 m 级极点,则

$$f(z)=c_{-m}(z-z_0)^{-m}+\cdots+c_{-1}(z-z_0)^{-1}+c_0+c_1(z-z_0)+c_2(z-z_0)^2+\cdots.$$

此式两边乘上 $(z-z_0)^m$ 得

$$(z-z_0)^m f(z)=c_{-m}+c_{-(m-1)}(z-z_0)+\cdots+c_{-1}(z-z_0)^{m-1}$$
$$+c_0(z-z_0)^m+c_1(z-z_0)^{m+1}+\cdots,$$

此式两边对 z 求 $m-1$ 次导数得

$$[(z-z_0)^m f(z)]^{(m-1)}=(m-1)!\,c_{-1}+\{(z-z_0)\text{正次幂项}\},$$

令 $z\to z_0$ 取极限得

$$\lim_{z\to z_0}[(z-z_0)^m f(z)]^{(m-1)}=(m-1)!\,c_{-1},$$

则 $c_{-1}=\dfrac{1}{(m-1)!}\lim\limits_{z\to z_0}[(z-z_0)^m f(z)]^{(m-1)}.$

例 16　计算 $f(z)=\dfrac{\cos z}{z^5}$ 在孤立奇点处的留数.

解　$z=0$ 是 $f(z)$ 的五级极点,由规则 Ⅱ 得

$$\mathrm{Res}[f(z),0]=\frac{1}{(5-1)!}\lim_{z\to 0}\Big[z^5\cdot\frac{\cos z}{z^5}\Big]^{(4)}=\frac{1}{4!}\lim_{z\to 0}(\cos z)^{(4)}=\frac{1}{24}.$$

例 17　求函数 $f(z)=\dfrac{z^{2n}}{(z-1)^n}$ 在 $z=1$ 处的留数.

解　$z=1$ 是 $f(z)$ 的 n 级极点,由规则 Ⅱ 得

$$\mathrm{Res}[f(z),1]=\frac{1}{(n-1)!}\lim_{z\to 1}\frac{\mathrm{d}^{n-1}}{\mathrm{d}z^{n-1}}\Big[(z-1)^n\frac{z^{2n}}{(z-1)^n}\Big]$$
$$=\frac{2n(2n-1)\cdots[2n-(n-2)]}{(n-1)!}=\frac{(2n)!}{(n-1)!\,(n+1)!}.$$

规则Ⅲ 设 z_0 为 $f(z)=\dfrac{P(z)}{Q(z)}$ 的一级极点,且 $P(z),Q(z)$ 在 z_0 处解析, $P(z_0)\neq 0,Q(z_0)=0,Q'(z_0)\neq 0$,则

$$\mathrm{Res}[f(z),z_0]=\frac{P(z_0)}{Q'(z_0)}. \tag{5.11}$$

证 z_0 是 $f(z)=\dfrac{P(z)}{Q(z)}$ 的一级极点,由规则Ⅰ得

$$\mathrm{Res}[f(z),z_0]=\lim_{z\to z_0}\left[(z-z_0)\frac{P(z)}{Q(z)}\right].$$

已知 $Q(z)$ 在 z_0 处解析,且 $Q(z_0)=0,Q'(z_0)\neq 0$,则

$$\mathrm{Res}[f(z),z_0]=\lim_{z\to z_0}\frac{P(z)}{\dfrac{Q(z)-Q(z_0)}{(z-z_0)}}=\frac{P(z_0)}{Q'(z_0)}.$$

例18 计算 $f(z)=\dfrac{z^5}{\cos z}$ 在 $z=\dfrac{\pi}{2}$ 处的留数.

解 $z=\dfrac{\pi}{2}$ 是 $\cos z$ 的零点,由 $(\cos z)'|_{z=\frac{\pi}{2}}=-\sin\dfrac{\pi}{2}=-1$ 得 $\dfrac{\pi}{2}$ 是 $\cos z$ 的一级零点,则 $\dfrac{\pi}{2}$ 是 $f(z)$ 的一级极点.

用规则Ⅲ得 $\mathrm{Res}\left[f(z),\dfrac{\pi}{2}\right]=\dfrac{z^5}{(\cos z)'}\Big|_{z=\frac{\pi}{2}}=\dfrac{1}{-1}\left(\dfrac{\pi}{2}\right)^5=-\dfrac{\pi^5}{32}.$

例19 求 $f(z)=\tan z$ 在 $z=k\pi+\dfrac{\pi}{2}$(k 为整数)处的留数.

解 因 $\tan z=\dfrac{\sin z}{\cos z}$,$\sin\left(k\pi+\dfrac{\pi}{2}\right)=(-1)^k\neq 0$,$\cos\left(k\pi+\dfrac{\pi}{2}\right)=0$,$(\cos z)'|_{z=k\pi+\frac{\pi}{2}}=(-1)^{k+1}\neq 0$,故 $z=k\pi+\dfrac{\pi}{2}$ 是 $\cos z$ 的一级零点,也是 $f(z)=\tan z$ 的一级极点.用规则Ⅲ得

$$\mathrm{Res}\left[\tan z,k\pi+\frac{\pi}{2}\right]=\frac{\sin z}{(\cos z)'}\Big|_{z=k\pi+\frac{\pi}{2}}=-1.$$

例20 求下列积分的值:

(1) $\displaystyle\oint_C\frac{1}{z^3(z-\mathrm{i})}\mathrm{d}z$,$C$:$|z|=2$ 正向圆周;

(2) $\displaystyle\oint_C\tan\pi z\mathrm{d}z$,$C$:$|z|=n$($n$ 为正整数) 正向圆周;

(3) $\displaystyle\oint_C\frac{\sin^2 z}{z^2(z-1)}\mathrm{d}z$,$C$:$|z|=2$ 正向圆周.

解　(1) $\oint_C \dfrac{1}{z^3(z-\mathrm{i})}\mathrm{d}z$ 在 $|z|=2$ 所围的圆域内有三级极点 $z=0$ 和一级极点 $z=\mathrm{i}$,而

$$\mathrm{Res}[f(z),0]=\frac{1}{2!}\lim_{z\to 0}\left[z^3\cdot\frac{1}{z^3(z-\mathrm{i})}\right]''=\frac{1}{2}\lim_{z\to 0}\frac{1}{z-\mathrm{i}}=\frac{\mathrm{i}}{2},$$

$$\mathrm{Res}[f(z),\mathrm{i}]=\lim_{z\to \mathrm{i}}\left[(z-\mathrm{i})\cdot\frac{1}{z^3(z-\mathrm{i})}\right]=\mathrm{i}.$$

由留数定理有 $\oint_C \dfrac{1}{z^3(z-\mathrm{i})}\mathrm{d}z=2\pi\mathrm{i}\left(\dfrac{\mathrm{i}}{2}+\mathrm{i}\right)=-3\pi.$

(2) $f(z)=\tan\pi z=\dfrac{\sin\pi z}{\cos\pi z}$ 有一级极点 $z=k+\dfrac{1}{2}$(k 为整数),而

$$\mathrm{Res}\left[f(z),k+\frac{1}{2}\right]=\frac{\sin\pi z}{(\cos\pi z)'}\bigg|_{z=k+\frac{1}{2}}=-\frac{1}{\pi}.$$

由留数定理有$[k=0,\pm 1,\cdots,\pm(n-1)]$

$$\oint_C \tan\pi z\,\mathrm{d}z=2\pi\mathrm{i}\sum_{\left|k+\frac{1}{2}\right|<n}\mathrm{Res}\left[\tan\pi z,k+\frac{1}{2}\right]=2\pi\mathrm{i}-\frac{(2n-1)}{\pi}=-2(2n-1)\mathrm{i}.$$

(3) 因 $\lim\limits_{z\to 0}\dfrac{\sin^2 z}{z^2(z-1)}=\lim\limits_{z\to 0}\dfrac{1}{z-1}\left(\dfrac{\sin z}{z}\right)^2=-1$,故 $z=0$ 是 $f(z)=\dfrac{\sin^2 z}{z^2(z-1)}$ 的可去奇点,则 $\mathrm{Res}[f(z),0]=0$.

因 $z=1$ 是 $f(z)$ 的一级极点,由规则 I 得

$$\mathrm{Res}[f(z),1]=\lim_{z\to 1}\left[(z-1)\frac{\sin^2 z}{z^2(z-1)}\right]=\sin^2 1.$$

由留数定理有

$$\oint_C \frac{\sin^2 z}{z^2(z-1)}\mathrm{d}z=2\pi\mathrm{i}\{\mathrm{Res}[f(z),0]+\mathrm{Res}[f(z),1]\}=2\pi\mathrm{i}(0+\sin^2 1)=2\pi\mathrm{i}\sin^2 1.$$

5.2.4　无穷远点的留数

定义 5.2.2　设 $f(z)$ 在圆环域 $R<|z|<+\infty$ 内解析,则

$$\frac{1}{2\pi\mathrm{i}}\oint_{C^-}f(z)\mathrm{d}z\quad(C:|z|=\rho>R)\tag{5.12}$$

称为 $f(z)$ 在 ∞ 的留数,记为 $\mathrm{Res}[f(z),\infty]$,这里 C^- 是顺时针方向,看成是绕无穷远点的正向.

定义 5.2.3　把包含 ∞ 点在内的复平面,称为扩充复平面.

说明　(1) 由留数定义的说明(2)可知,$f(z)$ 在 $z=0$ 点的留数为

$$c_{-1}=\frac{1}{2\pi\mathrm{i}}\oint_C f(z)\mathrm{d}z,$$

故 $\mathrm{Res}[f(z),\infty] = \dfrac{1}{2\pi\mathrm{i}}\oint_{C^-}f(z)\mathrm{d}z = -\dfrac{1}{2\pi\mathrm{i}}\oint_{C}f(z)\mathrm{d}z = -c_{-1}.$

这就是说，$f(z)$ 在 ∞ 点的留数为它在原点的留数反号.

由此可见若知道函数在原点的留数，便可得到函数在 ∞ 点的留数，反之亦然.

（2）若知道在扩充复平面内各点间的留数关系，对我们求留数是有好处的. 为此给出下面定理.

定理 5.2.2　若 $f(z)$ 在扩充复平面内只有有限个孤立奇点，则 $f(z)$ 在各奇点（包含 ∞ 点）的留数总和为零.

证　设 $f(z)$ 的奇点为 $z_1,\cdots,z_n,\infty$，C 为包含 n 个奇点及原点在内的正向简单闭曲线，由留数定理得 $\dfrac{1}{2\pi\mathrm{i}}\oint_{C}f(z)\mathrm{d}z = \sum\limits_{k=1}^{n}\mathrm{Res}[f(z),z_k]$，而由无穷远点留数定义得 $\dfrac{1}{2\pi\mathrm{i}}\oint_{C}f(z)\mathrm{d}z = -\dfrac{1}{2\pi\mathrm{i}}\oint_{C^-}f(z)\mathrm{d}z = -\mathrm{Res}[f(z),\infty]$.

上面两式相减得

$$\sum_{k=1}^{n}\mathrm{Res}[f(z),z_k] + \mathrm{Res}[f(z),\infty] = 0. \tag{5.13}$$

推论 5.2.1　设 $z_1,\cdots,z_n$ 是 $f(z)$ 的孤立奇点，C 为包含这 n 个奇点及原点在内的正向简单闭曲线，则

$$\oint_{C}f(z)\mathrm{d}z = -2\pi\mathrm{i}\,\mathrm{Res}[f(z),\infty]. \tag{5.14}$$

关于无穷远点的留数计算有如下规则.

规则 Ⅳ　$\mathrm{Res}[f(z),\infty] = -\mathrm{Res}\left[f\left(\dfrac{1}{z}\right)\dfrac{1}{z^2},0\right].$

证　在无穷远点的留数定义中，令 $z = \dfrac{1}{\zeta}$，则 $f(z) = f\left(\dfrac{1}{\zeta}\right)$，$\mathrm{d}z = -\dfrac{1}{\zeta^2}\mathrm{d}\zeta$，且圆环域 $R < |z| < +\infty$ 变为去心邻域 $0 < |\zeta| < \dfrac{1}{R}.$

圆周 $C: |z| = \rho > R$ 变为圆周 $K: |\zeta| = \dfrac{1}{\rho} < \dfrac{1}{R}.$

于是 $\dfrac{1}{2\pi\mathrm{i}}\oint_{C^-}f(z)\mathrm{d}z = -\dfrac{1}{2\pi\mathrm{i}}\oint_{K}f\left(\dfrac{1}{\zeta}\right)\dfrac{1}{\zeta^2}\mathrm{d}\zeta.$

按照无穷远点的留数定义有 $\mathrm{Res}[f(z),\infty] = -\mathrm{Res}\left[f\left(\dfrac{1}{z}\right)\dfrac{1}{z^2},0\right].$

说明　根据定理 5.2.2 规则 Ⅳ 可以较为方便地求出函数的 ∞ 点留数，且可简化其留数运算.

例 21　求 $f(z) = \dfrac{z}{z^2 - 1}$ 在 ∞ 点的留数.

解　$f\left(\dfrac{1}{z}\right)=\dfrac{\dfrac{1}{z}}{\left(\dfrac{1}{z}\right)^2-1}=\dfrac{z}{1-z^2}$, $f\left(\dfrac{1}{z}\right)\cdot\dfrac{1}{z^2}=\dfrac{z}{1-z^2}\cdot\dfrac{1}{z^2}=\dfrac{1}{(1-z^2)z}$,

$$\text{Res}[f(z),\infty]=-\text{Res}\left[f\left(\dfrac{1}{z}\right)\dfrac{1}{z^2},0\right]=-\text{Res}\left[\dfrac{1}{(1-z^2)z},0\right]$$

$$=-\lim_{z\to0}\dfrac{1}{\left[(1-z^2)z\right]'}=-\lim_{z\to0}\dfrac{1}{1-3z^2}=-1.$$

例 22　求 $\displaystyle\oint_C\dfrac{z}{z^4-1}\mathrm{d}z$, C：$|z|=2$ 正向圆周.

解　$f(z)=\dfrac{z}{z^4-1}$ 有 4 个孤立奇点, 按留数定理需求这 4 个点的留数, 而根据定理 5.2.2 的推论及规则 Ⅳ 转化为求原点的留数, 即

$$\oint_C\dfrac{z}{z^4-1}\mathrm{d}z=-2\pi\mathrm{i}\text{Res}[f(z),\infty]=2\pi\mathrm{i}\text{Res}\left[f\left(\dfrac{1}{z}\right)\dfrac{1}{z^2},0\right]$$

$$=2\pi\mathrm{i}\text{Res}\left[\dfrac{z}{1-z^4},0\right]=2\pi\mathrm{i}\cdot0=0.$$

说明　作为复习留数, 这里计算其 4 个孤立奇点的留数.

$z_1=1$, $z_2=-1$, $z_3=\mathrm{i}$, $z_4=-\mathrm{i}$ 为 $z^4-1=0$ 的孤立奇点, 由规则 Ⅲ 得

$\lim\limits_{z\to z_k}\dfrac{z}{(z^4-1)'}=\lim\limits_{z\to z_k}\dfrac{z}{4z^3}=\dfrac{1}{4z_k^2}$, 故 $\text{Res}[f(z),z_k]=\dfrac{1}{4z_k^2}=\dfrac{z_k^2}{4z_k^4}=\dfrac{z_k^2}{4}$, 四点的留数之和为

$$\text{Res}[f(z),z_1]+\text{Res}[f(z),z_2]+\text{Res}[f(z),z_3]+\text{Res}[f(z),z_4]$$

$$=\dfrac{1}{4z_1^2}+\dfrac{1}{4z_2^2}+\dfrac{1}{4z_3^2}+\dfrac{1}{4z_4^2}=\dfrac{1}{4}+\dfrac{1}{4}-\dfrac{1}{4}-\dfrac{1}{4}=0,$$

这时 $\displaystyle\oint_C\dfrac{z}{z^4-1}\mathrm{d}z=2\pi\mathrm{i}\cdot0=0$.

例 23　求 $\displaystyle\oint_{|z|=2}\dfrac{1}{(z+\mathrm{i})^{10}(z-1)(z-3)}\mathrm{d}z$.

解　$z=-\mathrm{i}$, $z=1$, $z=3$ 是 $f(z)=\dfrac{1}{(z+\mathrm{i})^{10}(z-1)(z-3)}$ 的孤立奇点, 在 $|z|<2$ 内只有奇点 $z=-\mathrm{i}$, $z=1$, 故由定理 5.2.2 得

$$\dfrac{1}{2\pi\mathrm{i}}\oint_{|z|=2}f(z)\mathrm{d}z=\text{Res}[f(z),-\mathrm{i}]+\text{Res}[f(z),1]$$

$$=-\text{Res}[f(z),3]-\text{Res}[f(z),\infty]$$

$$=-\lim_{z\to3}[(z-3)f(z)]+\text{Res}\left[f\left(\dfrac{1}{z}\right)\dfrac{1}{z^2},0\right]=-\dfrac{1}{2(3+\mathrm{i})^{10}}+0,$$

即 $\oint_{|z|=2} f(z)\mathrm{d}z = -\dfrac{\pi\mathrm{i}}{(3+\mathrm{i})^{10}}.$

说明 这里的 $z=-\mathrm{i}$ 为 $f(z)$ 的 10 级极点, 若按规则 Ⅱ 去做, 必定很烦杂.

5.3 留数在定积分计算上的应用

运用留数定理及定理 5.2.2 计算沿闭路的复积分, 就觉得很简捷, 只要计算其奇点的留数即可, 对于实变量积分(定积分)能否用留数来计算呢? 这是本节所要讨论的问题. 这些定积分的计算往往比较烦难, 有的甚至由于原函数不能用初等函数表示而根本无法计算.

5.3.1 求 $\int_0^{2\pi} R(\cos x, \sin x)\mathrm{d}x$ 积分

条件 被积函数 R 是 $\cos x, \sin x$ 的有理分式函数, 且在 $[0, 2\pi]$ 上连续.

做法 化为复积分. 令 $z=\mathrm{e}^{\mathrm{i}x}$, 则 $\mathrm{d}z=z\mathrm{i}\mathrm{d}x$, 即

$$\mathrm{d}x = \frac{1}{z\mathrm{i}}\mathrm{d}z, \quad \sin x = \frac{\mathrm{e}^{\mathrm{i}x}-\mathrm{e}^{-\mathrm{i}x}}{2\mathrm{i}} = \frac{z^2-1}{2z\mathrm{i}}, \quad \cos x = \frac{\mathrm{e}^{\mathrm{i}x}+\mathrm{e}^{-\mathrm{i}x}}{2} = \frac{z^2+1}{2z}.$$

当 x 从 0 到 2π 变化时, z 沿圆周 $|z|=1$ 的正向走一周, 其结果就把定积分化为沿 $|z|=1$ 的复积分, 即

$$\int_0^{2\pi} R(\cos x, \sin x)\mathrm{d}x = \oint_{|z|=1} R\left(\frac{z^2+1}{2z}, \frac{z^2-1}{2z\mathrm{i}}\right)\frac{1}{z\mathrm{i}}\mathrm{d}z. \tag{5.15}$$

设 $f(z) = R\left(\dfrac{z^2+1}{2z}, \dfrac{z^2-1}{2z\mathrm{i}}\right)\dfrac{1}{z\mathrm{i}}$ 在 $|z|<1$ 内的奇点为 $z_k(k=1,2,\cdots,n)$, 则由留数定理得出结论.

结论

$$\int_0^{2\pi}(\cos x, \sin x)\mathrm{d}x = 2\pi\mathrm{i}\sum_{k=i}^{n}\mathrm{Res}[f(z), z_k]. \tag{5.16}$$

说明 (5.15)式的右边是 z 的有理函数积分, 且在圆周 $|z|=1$ 上, 函数的分母不为零, 故它符合留数定理的条件, 由留数定理便可得(5.16)式.

例 24 求 $\int_0^{2\pi}\dfrac{1}{1-2a\cos x+a^2}\mathrm{d}x, 0<a<1.$

解 **第一步** 将 I 转化为复积分. 令 $z=\mathrm{e}^{\mathrm{i}x}$, 则 $\mathrm{d}x=\dfrac{1}{z\mathrm{i}}\mathrm{d}z$, $\cos x=\dfrac{z^2+1}{2z}$, 代入原式得

$$I = \oint_{|z|=1}\frac{1}{1-2a\cdot\dfrac{z^2+1}{2z}+a^2}\cdot\frac{1}{z\mathrm{i}}\mathrm{d}z = \oint_{|z|=1}\frac{\mathrm{i}}{az^2-(a^2+1)z+a}\mathrm{d}z.$$

第二步 求 $f(z) = \dfrac{\mathrm{i}}{a^2 - (a^2 + 1)z + a}$ 的留数.

令 $az^2 - (a^2 + 1)z + a = 0$,解得 $z = a, z = \dfrac{1}{a}$,故在圆域 $|z| < 1$ 内有 $f(z)$ 的一级极点 $z = a$.

按规则Ⅲ求出留数为 $\mathrm{Res}[f(z), a] = \dfrac{\mathrm{i}}{[az^2 - (a^2 + 1)z + a]'}\Big|_{z=a} = \dfrac{\mathrm{i}}{a^2 - 1}$.

第三步 由留数定理得 $I = 2\pi\mathrm{i}\,\mathrm{Res}[f(z), a] = 2\pi\mathrm{i}\,\dfrac{\mathrm{i}}{a^2 - 1} = \dfrac{2\pi}{1 - a^2}$.

例 25 求 $I = \displaystyle\int_0^{2\pi} \dfrac{\mathrm{d}t}{a + \sin t}, a > 1$.

解 **第一步** 将 I 转化为复积分. $z = \mathrm{e}^{\mathrm{i}t}$,则 $\mathrm{d}t = \dfrac{1}{z\mathrm{i}}\mathrm{d}z$,$\sin t = \dfrac{z^2 - 1}{2z\mathrm{i}}$,代入原式得

$$I = \oint_{|z|=1} \dfrac{1}{a + \dfrac{z^2 - 1}{2z\mathrm{i}}} \cdot \dfrac{1}{z\mathrm{i}}\mathrm{d}z = \oint_{|z|=1} \dfrac{2}{z^2 + 2a\mathrm{i}z - 1}\mathrm{d}z.$$

第二步 求 $f(z) = \dfrac{2}{z^2 + 2a\mathrm{i}z - 1}$ 的留数.

令 $z^2 + 2a\mathrm{i}z - 1 = 0$ 解得 $z_1 = (\sqrt{a^2 - 1} - a)\mathrm{i}, z_2 = -(a + \sqrt{a^2 - 1})\mathrm{i}$,而 $|z_1| < 1$,$|z_2| > 1$,故 $z = z_1$ 在圆域 $|z| < 1$ 内为 $f(z)$ 一级极点.

用规则Ⅲ求出留数为

$$\mathrm{Res}[f(z), z_1] = \dfrac{2}{[z^2 + 2a\mathrm{i}z - 1]'}\Big|_{z=z_1} = \dfrac{2}{2z + 2a\mathrm{i}}\Big|_{z=z_1} = \dfrac{2}{2(\sqrt{a^2 - 1} - a)\mathrm{i} + 2a\mathrm{i}} = \dfrac{1}{\sqrt{a^2 - 1}\mathrm{i}}.$$

第三步 由留数定理得 $I = 2\pi\mathrm{i}\,\mathrm{Res}[f(z), z_1] = 2\pi\mathrm{i}\,\dfrac{1}{\sqrt{a^2 - 1}\mathrm{i}} = \dfrac{2\pi}{\sqrt{a^2 - 1}}$.

说明 归纳一下求 $I = \displaystyle\int_0^{2\pi} R(\cos x, \sin x)\mathrm{d}x$ 积分的步骤:

第一步 将 I 转化为复积分,即(5.15)式.

第二步 求(5.15)式右边被积函数在圆域 $|z| < 1$ 内各奇点 z_k 的留数.

第三步 由留数定理得出(5.16)式.

5.3.2 求 $I = \displaystyle\int_{-\infty}^{+\infty} R(x)\mathrm{d}x$ 的积分

条件 $R(x)$ 为 x 的有理分式函数,分母的次数比分子次数至少高两次,分母在数轴上不为 0(即 $R(z)$ 在数轴上无奇点).

做法 考虑复积分 $\oint_C R(z)\mathrm{d}z$，选取积分路径 $C = [-r,r] + C_r$（图 5.2），其中 C_r 为上半圆周，在 C 内包含所有奇点 $z_k\,(k=1,2,\cdots,n)$，利用积分性质和留数定理得

$$\int_{-r}^{r} R(x)\mathrm{d}x + \int_{C_r} R(z)\mathrm{d}z = 2\pi\mathrm{i}\sum_{k=1}^{n}\left[R(z),z_k\right].$$

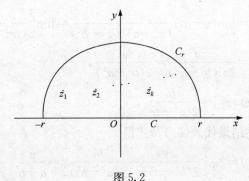

图 5.2

根据闭路变形原理，这个等式不会因半径 r 增大而改变其积分值，故令 $r \to \infty$ 上式变为结论 $\left(\text{其中}\lim\limits_{r\to\infty}\int_{C_r} R(z)\mathrm{d}z = 0 \text{ 待证}\right)$.

结论
$$\int_{-\infty}^{\infty} R(x)\mathrm{d}x = 2\pi\mathrm{i}\sum_{k=1}^{n}\mathrm{Res}[f(z),z_k].\tag{5.17}$$

现在求证 $\lim\limits_{r\to\infty}\int_{C_r} R(z)\mathrm{d}z = 0$.

证 设 $R(z) = \dfrac{z^n + a_1 z^{n-1} + \cdots + a_n}{z^m + b_1 z^{m-1} + \cdots + b_m}\,(m-n \geqslant 2)$，因

$$|R(z)| = \frac{|z|^n}{|z|^m}\frac{|1 + a_1 z^{-1} + \cdots + a_n z^{-n}|}{|1 + b_1 z^{-1} + \cdots + b_m z^{-m}|} \leqslant \frac{1}{|z|^{m-n}}\frac{1 + |a_1 z^{-1} + \cdots + a_n z^{-n}|}{1 - |b_1 z^{-1} + \cdots + b_m z^{-m}|},$$

故当 $|z| = r$ 充分大时有 $|R(z)| < \dfrac{2}{r^2}$，则当 $r \to \infty$ 时，由积分性质得

$$\left|\int_{C_r} R(z)\mathrm{d}z\right| \leqslant \int_{C_r} |R(z)|\,\mathrm{d}s < \frac{2}{r^2}\cdot\pi r = \frac{2\pi}{r}\xrightarrow{r\to\infty} 0,$$

因而 $\lim\limits_{r\to\infty}\int_{C_r} R(z)\mathrm{d}z = 0$.

说明 由 (5.17) 式可知求积分 $\int_{-\infty}^{+\infty} R(x)\mathrm{d}x$ 的步骤：

第一步 求复函数 $R(z)$ 在上半平面内各奇点的留数；

第二步 利用 (5.17) 式就得所求积分的值.

例 26　求 $I = \int_{-\infty}^{+\infty} \dfrac{x^2}{(x^2+a^2)(x^2+b^2)} \mathrm{d}x$，其中 $a > 0, b > 0$.

解　**第一步**　求复函数 $R(z) = \dfrac{z^2}{(z^2+a^2)(z^2+b^2)}$ 在上半平面内各奇点的留数.

这里 $z = \pm ai, z = \pm bi$ 都是一级极点，其中 $z_1 = ai, z_2 = bi$ 在上半平面内.

$$\mathrm{Res}[R(z), z_1] = \lim_{z \to ai}(z-ai)\frac{z^2}{(z^2+a^2)(z^2+b^2)} = \lim_{z \to ai}\left[\frac{z^2}{(z+ai)(z^2+b^2)}\right]$$

$$= \frac{-a^2}{2ai(b^2-a^2)} = \frac{ai}{2(b^2-a^2)},$$

类似可求得 $\mathrm{Res}[f(z), z_2] = \dfrac{bi}{2(a^2-b^2)}$.

第二步　将上述结果代入 (5.17) 式得

$$I = 2\pi\mathrm{i}\left[\frac{ai}{2(b^2-a^2)} + \frac{bi}{2(a^2-b^2)}\right] = \frac{\pi}{a+b}.$$

例 27　求 $I = \int_{0}^{+\infty} \dfrac{1}{x^4+a^4} \mathrm{d}x \, (a > 0)$.

解　**第一步**　求复函数 $R(z) = \dfrac{1}{z^4+a^4}$ 在上半平面内各奇点的留数.

$R(z)$ 在上半平面内的奇点为 $z_k = a\mathrm{e}^{\frac{\pi+2k\pi}{4}}$ $(k=0,1)$，均是一级极点. 用规则Ⅲ得

$$\mathrm{Res}[f(z), z_k] = \frac{1}{(z^4+a^4)'}\bigg|_{z=z_k} = \frac{1}{4z^3}\bigg|_{z=z_k} = \frac{1}{4z_k^3} = -\frac{z_k}{4a^4} \quad (k=0,1).$$

第二步　将上述结果代入 (5.17) 式得

$$\int_{-\infty}^{+\infty} \frac{1}{x^4+a^4} \mathrm{d}x = 2\pi\mathrm{i} \cdot \frac{-1}{4a^4}\left(a\mathrm{e}^{\frac{\pi}{4}\mathrm{i}} + a\mathrm{e}^{\frac{3\pi}{4}\mathrm{i}}\right) = -\frac{\pi\mathrm{i}}{2a^3}\left(\mathrm{e}^{\frac{\pi}{4}\mathrm{i}} - \mathrm{e}^{-\frac{\pi}{4}\mathrm{i}}\right)$$

$$= -\frac{\pi\mathrm{i}}{2a^3} \cdot 2\left(\sin\frac{\pi}{4}\right)\mathrm{i} = \frac{\sqrt{2}\pi}{2a^3},$$

故 $\int_{0}^{+\infty} \dfrac{1}{x^4+a^4} \mathrm{d}x = \dfrac{1}{2} \int_{-\infty}^{+\infty} \dfrac{1}{x^4+a^4} \mathrm{d}x = \dfrac{\sqrt{2}\pi}{4a^3}$.

5.3.3　求 $\int_{-\infty}^{+\infty} R(x)\mathrm{e}^{\mathrm{i}\lambda x} \mathrm{d}x$ 的积分

条件　$R(x)$ 是 x 的有理分式函数，分母次数至少比分子次数高一次，分母在实数轴上不为 0（即 $R(z)$ 在数轴上无奇点），λ 为正实数.

做法　取图 5.2 中相同的积分路径，C 包围所有的奇点 z_k，这里得

$$\int_{-r}^{r} R(x)\mathrm{d}x + \int_{Cr} R(z)\mathrm{e}^{\mathrm{i}\lambda z} \mathrm{d}z = 2\pi\mathrm{i}\sum_{k=1}^{n} \mathrm{Res}[f(z), z_k],$$

令 $r \to \infty$ 上式变成结论 $\left(\text{其中} \lim\limits_{r \to \infty} \int_{C_r} R(z) \mathrm{e}^{\mathrm{i}\lambda z} \mathrm{d}z = 0 \text{ 待证}\right).$

结论 $\qquad \int_{-\infty}^{+\infty} R(x) \mathrm{e}^{\mathrm{i}\lambda x} \mathrm{d}x = 2\pi\mathrm{i} \sum\limits_{k=1}^{n} \mathrm{Res}[f(z) \mathrm{e}^{\mathrm{i}\lambda z}, z_k].$ $\qquad$ (5.18)

现在求证 $\lim\limits_{r \to \infty} \int_{C_r} R(z) \mathrm{e}^{\mathrm{i}\lambda z} \mathrm{d}z = 0.$

证 当 r 充分大时有 $R(z) < \dfrac{2}{r}$,由积分性质得

$$\left| \int_{C_r} R(z) \mathrm{e}^{\mathrm{i}\lambda z} \mathrm{d}z \right| \leqslant \int_{C_r} |R(z)| \, |\mathrm{e}^{\mathrm{i}\lambda z}| \, \mathrm{d}s < \frac{2}{r} \int_{C_r} \mathrm{e}^{-\lambda y} \mathrm{d}s$$

$$= \frac{2}{r} \int_0^{\pi} \mathrm{e}^{-\lambda r \sin\theta} r \, \mathrm{d}\theta = 4 \int_0^{\frac{\pi}{2}} \mathrm{e}^{-\lambda r \sin\theta} \mathrm{d}\theta, \qquad (5.19)$$

而 $\sin\theta \geqslant \dfrac{2\theta}{\pi} \left(\text{当} \ 0 \leqslant \theta \leqslant \dfrac{\pi}{2} \text{时}\right)$,故 $4 \int_0^{\frac{\pi}{2}} \mathrm{e}^{-\lambda r \sin\theta} \mathrm{d}\theta \leqslant 4 \int_0^{\frac{\pi}{2}} \mathrm{e}^{-\lambda r \frac{2\theta}{\pi}} \mathrm{d}\theta = \dfrac{2\pi}{\lambda r}(1 - \mathrm{e}^{-\lambda r})$,由此式

和 (5.19) 式知,当 $r \to \infty$ 时 $\left| \int_{C_r} R(z) \mathrm{e}^{\mathrm{i}\lambda z} \mathrm{d}z \right| \to 0$,即 $\lim\limits_{r \to \infty} \int_{C_r} R(z) \mathrm{e}^{\mathrm{i}\lambda z} \mathrm{d}z = 0.$

说明 由 (5.18) 式可知求积分 $\int_{-\infty}^{+\infty} R(x) \mathrm{e}^{\mathrm{i}\lambda x} \mathrm{d}x$ 的步骤:

第一步 求复函数 $R(z) \mathrm{e}^{\mathrm{i}\lambda z}$ 在上半平面内各奇点的留数;

第二步 利用 (5.18) 式就得所求积分的值,这时要利用复数相等的知识.

例 28 计算 $I = \int_0^{+\infty} \dfrac{x \sin x}{x^2 + a^2} \mathrm{d}x, a > 0.$

解 第一步 $f(z) = \dfrac{z}{z^2 + a^2} \mathrm{e}^{\mathrm{i}z}$ 在上半平面内有一级极点为 $z = a\mathrm{i}$,则由规则

Ⅲ有

$$\mathrm{Res}[f(z), a\mathrm{i}] = \frac{z \mathrm{e}^{\mathrm{i}z}}{(z^2 + a^2)'} \bigg|_{z=a\mathrm{i}} = \frac{1}{2} \mathrm{e}^{-a}.$$

第二步 利用 (5.18) 式得

$$\int_{-\infty}^{+\infty} \frac{x}{x^2 + a^2} \mathrm{e}^{\mathrm{i}x} \mathrm{d}x = 2\pi\mathrm{i} \mathrm{Res}[f(z), a\mathrm{i}] = \pi\mathrm{i} \mathrm{e}^{-a}. \qquad (5.20)$$

由 (5.20) 式得

$$\int_{-\infty}^{+\infty} \frac{x \cos x}{x^2 + a^2} \mathrm{d}x + \mathrm{i} \int_{-\infty}^{+\infty} \frac{x \sin x}{x^2 + a^2} \mathrm{d}x = 0 + \mathrm{i}\pi \mathrm{e}^{-a}.$$

利用复数相等得

$$\int_{-\infty}^{+\infty} \frac{x \sin x}{x^2 + a^2} \mathrm{d}x = \pi \mathrm{e}^{-a}.$$

最后利用偶函数积分性质得

$$\int_0^{+\infty} \frac{x\sin x}{x^2+a^2}\mathrm{d}x = \frac{\pi}{2}\mathrm{e}^{-a}.$$

说明　这里可得 $\int_{-\infty}^{+\infty} \frac{x\cos x}{x^2+a^2}\mathrm{d}x = 0.$

例 29　计算 $I = \int_{-\infty}^{+\infty} \frac{x\cos x}{x^2-2x+10}\mathrm{d}x.$

解　**第一步**　$f(z) = \dfrac{z\mathrm{e}^{\mathrm{i}z}}{z^2-2z+10}$ 在上半平面有一级极点 $z=1+3\mathrm{i}$,则由规则 Ⅲ 得

$$\mathrm{Res}[f(z),1+3\mathrm{i}] = \frac{z\mathrm{e}^{\mathrm{i}z}}{(z^2-2z+10)'}\Big|_{z=1+3\mathrm{i}} = \frac{(1+3\mathrm{i})\mathrm{e}^{-3+\mathrm{i}}}{6\mathrm{i}}.$$

第二步　利用(5.18)式得

$$\int_{-\infty}^{+\infty} \frac{x}{x^2-2x+10}\mathrm{e}^{\mathrm{i}x}\mathrm{d}x = 2\pi\mathrm{i}\frac{(1+3\mathrm{i})\mathrm{e}^{-3+\mathrm{i}}}{6\mathrm{i}} = \frac{\pi}{3\mathrm{e}^3}(1+3\mathrm{i})(\cos 1 + \mathrm{i}\sin 1)$$

$$= \frac{\pi}{3a^3}\big[(\cos 1 - 3\sin 1) + \mathrm{i}(3\cos 1 + \sin 1)\big]. \qquad (5.21)$$

由(5.21)式得 $\int_{-\infty}^{+\infty} \frac{x\cos x}{x^2-2x+10}\mathrm{d}x + \mathrm{i}\int_{-\infty}^{+\infty} \frac{x\sin x}{x^2-2x+10}\mathrm{d}x = \frac{\pi}{3\mathrm{e}^3}\big[(\cos 1 -$ $3\sin 1) + \mathrm{i}(3\cos 1 + \sin 1)\big].$ 利用复数相等得

$$\int_{-\infty}^{+\infty} \frac{x\cos x}{x^2-2x+10}\mathrm{d}x = \frac{\pi}{3\mathrm{e}^3}(\cos 1 - 3\sin 1).$$

说明　这里可得 $\int_{-\infty}^{+\infty} \frac{x\sin x}{x^2-2x+10}\mathrm{d}x = \frac{\pi}{3\mathrm{e}^3}(3\cos 1 + \sin 1).$

例 30　计算 $I = \int_0^{+\infty} \frac{\cos ax}{1+x^2}\mathrm{d}x(a>0).$

解　**第一步**　函数 $f(z) = R(z)\mathrm{e}^{\mathrm{i}az} = \dfrac{1}{1+z^2}\mathrm{e}^{\mathrm{i}az}$ 在上半平面内有一个一级极点 $z=\mathrm{i}$,

$$\mathrm{Res}[f(z),\mathrm{i}] = \frac{\mathrm{e}^{\mathrm{i}az}}{(1+z^2)'}\Big|_{z=\mathrm{i}} = \frac{\mathrm{e}^{\mathrm{i}az}}{2z}\Big|_{z=\mathrm{i}} = \frac{\mathrm{e}^{-a}}{2\mathrm{i}}.$$

第二步　利用(5.18)式得 $\int_{-\infty}^{+\infty} \frac{\cos ax}{1+x^2}\mathrm{d}x = 2\pi\mathrm{i}\cdot\frac{\mathrm{e}^{-a}}{2\mathrm{i}} = \frac{\pi}{\mathrm{e}^a}$,再利用偶函数积分性质得

$$\int_0^{+\infty} \frac{\cos ax}{1+x^2}\mathrm{d}x = \frac{1}{2}\int_{-\infty}^{+\infty} \frac{\cos ax}{1+x^2}\mathrm{d}x = \mathrm{Re}\left[\frac{1}{2}\int_{-\infty}^{+\infty} \frac{\mathrm{e}^{\mathrm{i}ax}}{1+x^2}\mathrm{d}x\right] = \frac{\pi}{2\mathrm{e}^a}.$$

小　　结

一、孤立奇点

1. 孤立奇点分为三种类型

(1) z_0 为 $f(z)$ 的可去奇点 $\Leftrightarrow f(z)$ 在 $0<|z-z_0|<\delta$ 内的洛朗展式不含 $(z-z_0)$ 的负次幂项 $\Leftrightarrow \lim\limits_{z\to z_0} f(z)=\alpha$(有限数).

(2) z_0 为 $f(z)$ 的 m 级极点 $\Leftrightarrow f(z)$ 在 $0<|z-z_0|<\delta$ 内的洛朗展式含有 $(z-z_0)$ 的负次幂项最高次数为 $m\Leftrightarrow \lim\limits_{z\to z_0} f(z)=\infty$,且 $f(z)=\dfrac{1}{(z-z_0)^m}\varphi(z)$,其中 $\varphi(z)$ 在 z_0 解析,$\varphi(z_0)\neq 0$.

(3) z_0 为 $f(z)$ 的本性奇点 $\Leftrightarrow f(z)$ 在 $0<|z-z_0|<\delta$ 内的洛朗展式含有无穷多负次幂项 $\Leftrightarrow \lim\limits_{z\to z_0} f(z)$ 不存在且不为无穷大.

2. 零点与极点的关系

(1) z_0 为 $f(z)$ 的 m 级零点 $\Leftrightarrow f(z)=(z-z_0)^m\varphi(z)$($\varphi(z)$ 在 z_0 解析且 $\varphi(z_0)\neq 0$)$\Leftrightarrow f'(z_0)=\cdots=f^{(m-1)}(z_0)=0,f^{(m)}(z_0)\neq 0$.

(2) z_0 为 $f(z)$ 的 m 级零点 $\Leftrightarrow z_0$ 为 $\dfrac{1}{f(z)}$ 的 m 级极点,反之亦然.

二、留数

1. 留数的定义

由留数定义 5.2.1 后说明有:设 $f(z)$ 在 $0<|z-z_0|<R$ 内解析,z_0 为 $f(z)$ 的孤立奇点,C 是任意正向圆周 $|z-z_0|=\rho<R$,则 $f(z)$ 在 z_0 处的留数为

$$\text{Res}[f(z),z_0]=\frac{1}{2\pi i}\oint_C f(z)\mathrm{d}z=c_{-1},$$

其中 c_{-1} 为 $0<|z-z_0|<R$ 内洛朗式的负一次幂项的系数.

由 ∞ 点留数定义 5.2.2 后的说明有以下结论.

若 $f(z)$ 在 $R<|z-z_0|<+\infty$ 内解析,则 $f(z)$ 在 ∞ 点的留数为

$$\text{Res}[f(z),\infty]=\frac{1}{2\pi i}\oint_{C^-} f(z)\mathrm{d}z=-c_{-1},$$

其中 C 为圆环域 $R<|z-z_0|<+\infty$ 内绕无穷远点的任一条正向简单闭曲线,这里 C^- 为顺时针方向,c_{-1} 为 $0<|z-z_0|<R$ 内洛朗展式的负一次幂项的系数.

2. 留数定理

(定理 5.2.1) 设 $f(z)$ 在区域内除有限个孤立奇点 $z_1, z_2, \cdots, z_n$ 外处处解析，C 为 D 内包围各奇点的一条正向简单闭曲线，则

$$\oint_C f(z)\mathrm{d}z = 2\pi\mathrm{i}\sum_{k=1}^{n}\mathrm{Res}[f(z), z_k].$$

说明　利用此定理把求沿封闭曲线 C 的积分转化为求 C 内包含个奇点的留数.

(定理 5.2.2) 若 $f(z)$ 在扩充复平面内只有有限个孤立奇点 $z_1, z_2, \cdots, z_n$ 及 ∞ 点，则 $f(z)$ 在各点留数总和为零，即

$$\mathrm{Res}[f(z), \infty] + \sum_{k=1}^{n}\mathrm{Res}[f(z), z_k] = 0.$$

说明　利用此定理：① 求出 $f(z)$ 在点 $z_1, z_2, \cdots, z_n$ 的留数和可转化为求 $f(z)$ 在 ∞ 点的留数；② 求 $f(z)$ 在 ∞ 点的留数可转化为求 $f(z)$ 在点 $z_1, z_2, \cdots, z_n$ 的留数和.

3. 留数计算

(1) 若 z_0 为 $f(z)$ 的本性奇点，则在 z_0 的留数为 $f(z)$ 展为洛朗级数的负一次幂项的系数 c_{-1}，当奇点性质不明显时也可用这种方法.

(2) 若 z_0 为 $f(z)$ 的可去奇点，则 $\mathrm{Res}[f(z), z_0] = 0$.

(3) 若 z_0 为 $f(z)$ 的 m 级极点或 $z = \infty$ 的留数，可按下面规则计算.

(规则 I) 若 z_0 为 $f(z)$ 的一级极点，则 $\mathrm{Res}[f(z), z_0] = \lim_{z \to \infty}(z - z_0)f(z)$.

(规则 II) 若 z_0 为 $f(z)$ 的 m 级极点，则

$$\mathrm{Res}[f(z), z_0] = \frac{1}{(m-1)!}\lim_{z \to z_0}[(z - z_0)^m f(z)]^{(m-1)}.$$

说明　为了计算方便，当实际级数比 m 低时，可以按 m 级运用规则 II.

(规则 III) 若 z_0 为 $f(z) = \dfrac{P(z)}{Q(z)}$ 的一级极点，$P(z), Q(z)$ 在点 z_0 处解析，

$P(z_0) \neq 0, Q(z_0) = 0, Q'(z_0) \neq 0$，则 $\mathrm{Res}[f(z), z_0] = \dfrac{P(z_0)}{Q'(z_0)}$.

(规则 IV) $\mathrm{Res}[f(z), \infty] = -\mathrm{Res}\left[f\left(\dfrac{1}{z}\right)\dfrac{1}{z^2}, 0\right]$.

说明　函数 $f(z)$ 在 ∞ 点的留数计算除规则 IV 外，还可利用 ∞ 点留数定义 5.2.2 后的说明（即 $\mathrm{Res}[f(z), \infty] = -c_{-1}$）及利用定理 5.2.2.

三、留数的应用

本节介绍了留数在三类定积分上的应用,其做法是将定积分化为沿闭路的复积分(即围道积分),从而归结为计算闭路(即围道)所围奇点的留数,再利用留数定理便很顺利地求出定积分的值.

1. $\displaystyle\int_0^{2\pi} R(\cos x, \sin x)\,\mathrm{d}x$

条件　被积函数 R 是 $\cos x, \sin x$ 的有理分式函数,且在 $[0, 2\pi]$ 上连续.

做法　化为复积分,令 $z = \mathrm{e}^{\mathrm{i}x}$,有

$$\int_0^{2\pi} R(\cos x, \sin x)\,\mathrm{d}x = \oint_{|z|=1} R\left(\frac{z^2+1}{2z}, \frac{z^2-1}{2z\mathrm{i}}\right)\frac{1}{z\mathrm{i}}\,\mathrm{d}z,$$

再由留数定理得出结论.

结论　$\displaystyle\int_0^{2\pi} R(\cos x, \sin x)\,\mathrm{d}x = 2\pi\mathrm{i}\sum_{k=1}^n \operatorname{Res}[f(z), z_k]$,其中

$$f(z) = R\left(\frac{z^2+1}{2z}, \frac{z^2-1}{2z\mathrm{i}}\right)\frac{1}{z\mathrm{i}},$$

z_k 为圆周 $|z|=1$ 内 $f(z)$ 的孤立奇点,$k = 1, 2, \cdots, n$.

2. $\displaystyle\int_{-\infty}^{+\infty} R(x)\,\mathrm{d}x$

条件　$R(x)$ 是 x 的有理分式函数,其分母的次数比分子的次数至少高两次,分母在数轴上不为零(即 $R(z)$ 在实轴上无奇点).

做法　作积分路径 $C = [-r, r] + C_r$,其中 C_r 为上半圆周,复积分

$$\oint_C R(z)\,\mathrm{d}z = \int_{-r}^r R(x)\,\mathrm{d}x + \int_{C_r} R(z)\,\mathrm{d}z,$$

令 $r \to \infty$,得出结论.

结论　$\displaystyle\int_{-\infty}^{+\infty} R(x)\,\mathrm{d}x = 2\pi\mathrm{i}\sum_{k+1}^n \operatorname{Res}[f(z), z_k]$,其中 z_k 为 $R(z)$ 在上半平面内所有孤立奇点.

3. $\displaystyle\int_{-\infty}^{+\infty} R(x)\mathrm{e}^{\mathrm{i}\lambda x}\,\mathrm{d}x$

条件　$R(x)$ 为有理分式函数,其分母的次数比分子的次数至少高一次,分母在实轴上不为零(即 $R(z)$ 在实轴上无奇点),λ 为正实数.

做法　类似于 2 的做法,得出结论.

结论　$\displaystyle\int_{-\infty}^{+\infty} R(x)\mathrm{e}^{\mathrm{i}\lambda x}\,\mathrm{d}x = 2\pi\mathrm{i}\sum_{k=1}^n \operatorname{Res}[R(z)\mathrm{e}^{\mathrm{i}\lambda z}, z_k]$,其中 z_k 为 $R(z)$ 在上半平面内所有孤立奇点.

比较等式两边的实部和虚部得

$$\int_{-\infty}^{\infty} R(x)\cos\lambda x\,\mathrm{d}x = \mathrm{Re}\Big\{2\pi\mathrm{i}\sum_{k=1}^{n}\mathrm{Res}[R(z)\mathrm{e}^{\mathrm{i}\lambda z},z_k]\Big\},$$

$$\int_{-\infty}^{\infty} R(x)\sin\lambda x\,\mathrm{d}x = \mathrm{Im}\Big\{2\pi\mathrm{i}\sum_{k=1}^{n}\mathrm{Res}[R(z)\mathrm{e}^{\mathrm{i}\lambda z},z_k]\Big\}.$$

习　题

1. 求下列函数的奇点,若是极点,指出它们的级:

(1) $\dfrac{z+4}{z-z^3}$;　　(2) $\dfrac{z-1}{z\,(z^2+2)^2}$;　　(3) $\dfrac{1}{z^3-z^2-z+1}$;　　(4) $\dfrac{\sin z}{z^3}$;

(5) $\dfrac{1}{\cos z+\sin z}$;　(6) $\dfrac{\ln(1+z)}{z}$;　　(7) $\dfrac{1}{(1+z^2)(1+\mathrm{e}^{\pi z})}$;　(8) $\mathrm{e}^{\frac{1}{z-1}}$;

(9) $\dfrac{\mathrm{e}^{\frac{1}{z-1}}}{\mathrm{e}^z-1}$;　　(10) $\dfrac{\sin^2 z}{z^2\,(z-1)^3}$;　(11) $\dfrac{1}{\sin z^2}$;　　(12) $\dfrac{z^{2n}}{1+z^n}$(n 为正整数).

2. 计算 $\sin z-1=0$ 的全部零点,并指出它们的级.

3. 求证:若 z_0 是 $f(z)$ 的 $m(m>1)$ 级零点,则 z_0 是 $f'(z)$ 的 $m-1$ 级零点.

4. $z=0$ 是函数 $f(z)=\dfrac{1}{(\sin z+\mathrm{sh}z-2z)^2}$ 的几级极点?

5. 若 $f(z)$ 和 $g(z)$ 都是以 z_0 为零点的两个不恒为零的解析函数,则

$$\lim_{z\to z_0}\frac{f(z)}{g(z)}=\lim_{z\to z_0}\frac{f'(z)}{g'(z)}\quad(\text{或两边均为}\infty).$$

6. 计算下列函数在孤立奇点处的留数:

(1) $\dfrac{\mathrm{e}^z-1}{z}$;　　(2) $z^2\sin\dfrac{1}{z}$;　　(3) $\dfrac{z+1}{z^2-2z}$;　　(4) $\cos\dfrac{1}{1-z}$;　　(5) $\dfrac{1}{\sin z}$;

(6) $\dfrac{1}{z\sin z}$;　　(7) $\dfrac{1-\mathrm{e}^{2z}}{z^4}$;　　(8) $\dfrac{1+z^4}{(z^2+1)^2}$;　　(9) $\dfrac{z}{\cos z}$;　　(10) $\dfrac{\mathrm{sh}z}{\mathrm{ch}z}$.

7. 计算下列积分(利用留数):

(1) $\displaystyle\oint_{|z|=\frac{3}{2}}\frac{z^7}{(z-2)(z^2+1)}\mathrm{d}z$;　(2) $\displaystyle\oint_{|z|=2}\frac{1}{z^3-z^5}\mathrm{d}z$;　(3) $\displaystyle\oint_{|z|=2}\frac{3z+1}{z\,(z+1)^2}\mathrm{d}z$;

(4) $\displaystyle\oint_{|z|=\frac{3}{2}}\frac{\mathrm{e}^{2z}}{(z-1)^2}\mathrm{d}z$;　　(5) $\displaystyle\oint_{|z-2\mathrm{i}|=2}\mathrm{th}z\mathrm{d}z$;　　(6) $\displaystyle\oint_{|z|=1}\frac{\mathrm{e}^z}{\cos\pi z}\mathrm{d}z$;

(7) $\displaystyle\oint_{|z|=\frac{1}{2}}\frac{\sin z}{z(1-\mathrm{e}^z)}\mathrm{d}z$;　　(8) $\displaystyle\oint_{|z|=\frac{3}{2}}\frac{\sin z}{z}\mathrm{d}z$;　　(9) $\displaystyle\oint_{|z|=\frac{3}{2}}\frac{1-\cos z}{z^m}\mathrm{d}z$($m$ 为整数);

(10) $\displaystyle\oint_{|z|=3}\tan\pi z\mathrm{d}z$;

(11) $\displaystyle\oint_{|z|=1}\frac{1}{(z-a)^n\,(z-b)^n}\mathrm{d}z$(其中 n 为正整数,且 $|a|\neq1,|b|\neq1,|a|<|b|$),提示:试就

$|a|,|b|$ 与 1 的大小关系分别进行讨论.

8. 计算下列函数在∞点的留数：

(1) $z+\dfrac{1}{z}$;　　　　(2) $\cos z-\sin z$;　　　(3) $\dfrac{2z}{3+z^2}$;　　　(4) $\dfrac{\mathrm{e}^z}{z^2-1}$.

9. 计算下列积分，C 为正向圆周：

(1) $\displaystyle\oint_C \dfrac{z^{15}}{(z^2+1)^2\,(z^4+2)^3}\mathrm{d}z$, C: $|z|=3$;

(2) $\displaystyle\oint_C \dfrac{z^3}{1+z}\mathrm{e}^{\frac{1}{z}}\mathrm{d}z$, C: $|z|=2$;

(3) $\displaystyle\oint_C \dfrac{z^{2n}}{1+z^n}\mathrm{d}z$（$n$ 为一正整数）, C: $|z|=r>1$.

10. 求下列积分：

(1) $\displaystyle\int_0^{2\pi} \dfrac{\mathrm{d}\theta}{a+\cos\theta}(a>1)$;　　　　　　(2) $\displaystyle\int_0^{2\pi} \dfrac{1}{1+a\sin x}\mathrm{d}x\,(a^2<1)$;

(3) $\displaystyle\int_{-\infty}^{+\infty} \dfrac{1}{(x^2+1)^2}\mathrm{d}x$;　　　　　　(4) $\displaystyle\int_{-\infty}^{+\infty} \dfrac{x^2}{(x^2+a^2)^2}\mathrm{d}x\,(a>0)$;

(5) $\displaystyle\int_{-\infty}^{+\infty} \dfrac{\cos x}{x^2+4x+5}\mathrm{d}x$;　　　　(6) $\displaystyle\int_{-\infty}^{+\infty} \dfrac{x\sin bx}{x^4+a^4}\mathrm{d}x\,(a>0,b>0)$.

第 6 章 共 形 映 射

复变函数主要研究解析函数的有关性质与应用,在第 2~4 章中分别就解析函数的导数(微分)、积分、级数展开式等方面进行了研究. 在本章里,将从几何角度对解析函数的性质与应用作进一步研究.

在第 1 章中已介绍过函数 $w = f(z)$ 在几何上可成 Z 平面上的点集(定义集合)D 变到 W 平面上的点集 G(函数值集合)的映射(或变换). 对解析函数来说,其映射更具有特殊的性质(如保角性等),且在实际问题中有着广泛的应用,因此需对解析函数所构成的映射(称为**共形映射**)作深入的讨论.

6.1 共形映射的概念

6.1.1 导数的几何意义

在第 1 章里已经知道,Z 平面内的一条连续曲线 C 可用方程组

$$\begin{cases} x = x(t), \\ y = y(t) \end{cases} (\alpha \leqslant t \leqslant \beta)$$

表示,其中 $x(t), y(t)$ 均为连续的实函数,写成复数形式

$$z = z(t) = x(t) + \mathrm{i}y(t) \ (\alpha \leqslant t \leqslant \beta),$$

其中 $z(t)$ 为连续函数.

现规定它的正向取为参数 t 增大时点 z 移动的方向,且通过 C 上两点 P_0 与 P 的割线 P_0P 的正向对应于参数 t 增大的方向,其中 $z(t_0 + \Delta t)$ 与 $z(t_0)$ 分别为点 P 与 P_0 所对应的复数($\alpha < t_0 < \beta, \alpha < t_0 + \Delta t < \beta$),则向量

$$\frac{z(t_0 + \Delta t) - z(t_0)}{\Delta t}$$

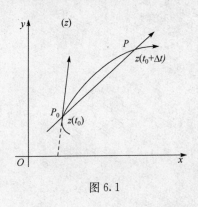

图 6.1

的方向与 P_0P 的正向相同(图 6.1).

当点 P 沿 C 趋向于 P_0 时,割线 P_0P 的极限位置就是曲线 C 上点 P_0 处的切线,因此向量

$$\lim_{\Delta t \to 0} \frac{f(z_0 + \Delta t) - z(t_0)}{\Delta t} = z'(t_0)$$

与曲线 C 相切于点 P_0(即 $z_0 = z(t_0)$),且方向与 C 的正向一致.

若 $z'(t_0) \neq 0 (\alpha < t_0 < \beta)$，且规定向量 $z'(t_0)$ 的方向作为曲线 C 上点 P_0 处的切线方向，则有如下的事实：$\arg z'(t_0)$ 就是曲线 C 上点 P_0 处的切线正向与 x 轴正向之间的夹角 φ（称为**切线倾角**）. 这就是导数的几何意义.

6.1.2 解析函数的导数的几何意义

先研究解析函数 $w = f(z)$ 在点 z_0 处导数的辐角 $\arg f'(z_0)$ 的几何意义.

设函数 $w = f(z)$ 在区域 D 内解析，$z_0 \in D$，且 $f'(z_0) \neq 0$，又设 C 为 Z 平面内通过点 z_0 的一条有向光滑曲线（图 6.2(a)），参数方程为 $z = z(t) (\alpha \leqslant t \leqslant \beta)$，它的正向相应于参数 t 增大的方向，且 $z_0 = z(t_0)$，$z'(t_0) \neq 0 (\alpha < t_0 < \beta)$.

这时，映射 $w = f(z)$ 就将曲线 C 映射成 W 平面内的一条有向光滑曲线 Γ（图 6.2(b)）（像曲线），Γ 通过点 z_0 的对应点 $w_0 = f(z_0)$，其参数方程为

$$w = f[z(t)] \quad (\alpha \leqslant t \leqslant \beta),$$

正向相应于参数 t 增大的方向.

利用复合函数求导法则有

$$w'(t_0) = f'(z_0) z'(t_0) \neq 0.$$

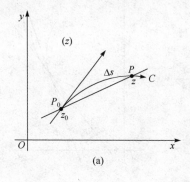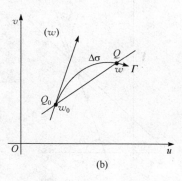

图 6.2

由前面导数的几何意义可见，在 Γ 上点 w_0 处切线也存在，且切线正向与 u 轴正向之间的夹角为

$$\Phi = \arg w'(t_0) = \arg f'(z_0) + \arg z'(t_0) = \arg f'(z_0) + \varphi,$$

即

$$\arg f'(z_0) = \Phi - \varphi. \tag{6.1}$$

(6.1)式表明，像曲线 Γ 在点 $w_0 = f(z_0)$ 处的切线方向可以由曲线 C 在点 z_0 处的切线方向旋转一个角度 $\arg f'(z_0)$ 得出图 6.3.

定义 6.1.1 称 $\arg f'(z_0)$ 为映射 $w = f(z)$ 在点 z_0 处的**旋转角**.

这里必须指出，旋转角有一个特殊的性质. $\arg f'(z_0)$ 只与点 z_0 有关，而与过 z_0

的曲线 C 形状和方向无关,这一性质称为**旋转角不变性**. 为了进一步说明此性质,我们再作深入的研究.

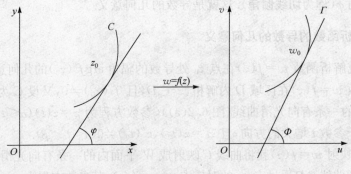

图 6.3

定义 6.1.2 相交于一点的两条曲线 C_1 与 C_2 正向之间的夹角用 C_1 与 C_2 在此交点处的两条切线正向之间的夹角来定义(图 6.4).

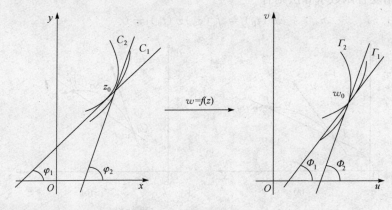

图 6.4

设从点 z_0 出发有两条曲线 C_1 与 C_2,它们在点 z_0 处切线的倾角分别为 φ_1 与 φ_2,C_1 与 C_2 在映射 $w=f(z)$ 下的像分别为过 $w_0=f(z_0)$ 的两条曲线 Γ_1 与 Γ_2,它们在点 w_0 处切线的倾角分别为 Φ_1 与 Φ_2,则由(6.1)式得

$$\arg f'(z_0) = \Phi_1 - \varphi_1 = \Phi_2 - \varphi_2,$$

即

$$\varphi_2 - \varphi_1 = \Phi_2 - \Phi_1, \tag{6.2}$$

这里 $\varphi_2 - \varphi_1$ 表示 C_1 与 C_2 在点 z_0 处的夹角,$\Phi_2 - \Phi_1$ 表示 Γ_1 与 Γ_2 在点 w_0 处的夹角.

(6.2)式表示,在解析函数 $w=f(z)$ 的映射下,若 $f'(z_0)\neq0$,则经过点 z_0 处的任意两条曲线之间的夹角与像曲线在点 $w_0=f(z_0)$ 处的夹角大小相等且方向相同(图 6.4).由此可见,解析函数的映射具有保持两曲线间夹角的大小与方向不变的性质.

定义 6.1.3 解析函数的映射具有保持两曲线间夹角的大小与方向不变的性质称为**映射的保角性**.

下面再来研究解析函数 $w=f(z)$ 在点 z_0 处导数的模 $|f'(z_0)|$ 的几何意义.

由

$$f'(z_0)=\lim_{\Delta z\to 0}\frac{\Delta w}{\Delta z}=\lim_{\Delta z\to 0}\frac{f(z_0+\Delta z)-f(z_0)}{\Delta z}$$

得

$$|f'(z_0)|=\lim_{\Delta z\to 0}\left|\frac{\Delta w}{\Delta z}\right|=\lim_{\Delta z\to 0}\frac{\Delta\sigma}{\Delta s}=\frac{\mathrm{d}\sigma}{\mathrm{d}s}, \tag{6.3}$$

其中 Δs 与 $\Delta\sigma$ 分别表示曲线 C 与 Γ 上弧长的增量,即

$$\mathrm{d}\sigma=|f'(z_0)|\,\mathrm{d}s. \tag{6.4}$$

(6.3)式表明,像点间的无穷小距离 $\Delta\sigma$ 与原来点间无穷小距离 Δs 之比的极限为 $|f'(z_0)|$.(6.4)式表明,像曲线 Γ 在点 w_0 处弧微分等于原曲线 C 在点 z_0 处弧微分与 $|f'(z_0)|$ 之积.

定义 6.1.4 称 $|f'(z_0)|$ 为映射在点 z_0 处的**伸缩率**.

这里同样必须指出,伸缩率有一个特殊性质. $|f'(z_0)|$ 只与点 z_0 有关,而与过点 z_0 的曲线 C 形状和方向无关,这一性质称为**伸缩率不变性**.

综上所述,我们将有下面的定理.

定理 6.1.1 设函数 $w=f(z)$ 在区域 D 内解析, z_0 为 D 内的一点,且 $f'(z_0)\neq0$,则映射 $w=f(z)$ 具有下面两个性质:

(1)**旋转角不变性** 即通过点 z_0 的任何一条曲线的旋转角均为 $\arg f'(z_0)$,而与曲线的形状和方向无关.由此推出**保角性**,即通过点 z_0 的两条曲线间的夹角与经过映射后所得到的两曲线间的夹角在大小和方向上保持不变.

(2)**伸缩率不变性** 即通过点 z_0 的任何一条曲线的伸缩率均为 $|f'(z_0)|$,而与曲线的形式和方向无关.

例 1 求 $w=z^3$ 在 $z=-\mathrm{i}$ 处的旋转角与伸缩率.问: $w=z^3$ 将点 $z=-\mathrm{i}$ 且平行于实轴正向的曲线的切线方向 l 映射成 W 平面上哪一个方向?

解
$$w=z^3,\quad w'=3z^2,\quad w'(-\mathrm{i})=-3,$$
故旋转角为
$$\arg w'(-\mathrm{i})=\pi,$$

伸缩率为

$$|w'(-\mathrm{i})| = 3.$$

方向 l 映射成 W 平面上的方向 m（指向为实轴的负方向）.

例 2 映射 $w = z^3$ 在 Z 平面上具有旋转角与伸缩率不变性吗？

解 $w = z^3$, $w' = 3z^2$, 当 $z \neq 0$ 时, $w' \neq 0$. 故 $w = z^3$ 在 Z 平面上处处解析, 在 Z 平面上除原点 $z = 0$ 外均具有旋转角与伸缩率不变性.

例 3 已知映射由下列函数所构成, 阐明在 Z 平面上哪一部分被放大了, 哪一部分被缩小了.

(1) $w = z^2 - 5z + 1$； (2) $w = \mathrm{e}^z$.

解 (1) $w' = 2z - 5$, $|w'| = |2z - 5|$. Z 平面上, 在 $|2z - 5| > 1$ 的部分被放大了, 在 $|2z - 5| < 1$ 的部分被缩小了.

(2) 设 $z = x + \mathrm{i}y$, $w' = \mathrm{e}^z = \mathrm{e}^{x+\mathrm{i}y}$, $|w'| = \mathrm{e}^x$. Z 平面上, 在 $\mathrm{Re}z = x > 0$ 部分被放大了, 在 $\mathrm{Re}z = x < 0$ 部分被缩小了.

6.1.3 共形映射的概念

定义 6.1.5 设 $w = f(z)$ 在点 z_0 处的邻域内是一一的, 在点 z_0 处具有保角性和伸缩率不变性, 称映射 $w = f(z)$ 在点 z_0 处是**共形**（或**保形**、**保角**）的, 或称 $w = f(z)$ 在点 z_0 处是共形映射（或**保形映射**、**保角映射**）. 若映射 $w = f(z)$ 在区域 D 内的每一点都是共形的, 称 $w = f(z)$ 在区域 D 内是**共形映射**（或**保形映射**、**保角映射**）.

由定理 6.1.1 和定义 6.1.5 可得下面结论.

定理 6.1.2 若函数 $w = f(z)$ 在点 z_0 处解析, 且 $f'(z_0) \neq 0$, 则映射 $w = f(z)$ 在点 z_0 处是共形的, 而且 $\arg f'(z_0)$ 表示这个映射在点 z_0 处的旋转角, $|f'(z_0)|$ 表示在点 z_0 处的伸缩率.

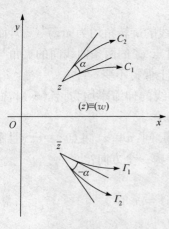

图 6.5

若解析函数 $w = f(z)$ 在区域 D 内处处有 $f'(z) \neq 0$, 则映射 $w = f(z)$ 是 D 内的共形映射.

定义 6.1.6 设映射 $w = f(z)$ 具有伸缩率不变性, 且保持曲线间夹角的大小不变、方向也不变, 称这种映射为**第一类共形映射**. 若映射 $w = f(z)$ 具有伸缩率不变性, 且保持曲线间夹角的绝对值不变, 而方向相反, 称这种映射为**第二类共形映射**.

例 4 映射 $w = \bar{z}$ 属于哪一类映射？

解 由第 1 章知识可知, 函数 $w = \bar{z}$ 是关于实轴为对称的映射（图 6.5）. 在图中我们把 Z 平面与 W 平面重合在一起, 映射把点 z 映射成关于

实轴为对称的点 $w = \bar{z}$. 从点 z 出发夹角为 α 的两条曲线 C_1 与 C_2 被映射成从点 $\bar{z}$ 出发夹角为 $-\alpha$ 的两条曲线 Γ_1 与 Γ_2, 故 $w = \bar{z}$ 属于第二类共形映射.

6.2 分式线性映射

6.2.1 分式线性映射的概念

下面将研究一些具体的共形映射, 其中分式线性映射是一类比较简单但又是很重要的映射.

定义 6.2.1 映射

$$w = f(z) = \frac{az+b}{cz+d} \quad (ad-bc \neq 0) \tag{6.5}$$

称为**分式线性映射**, 其中 a,b,c,d 均为常数. 此映射又称为**双线性映射**, 它是德国数学家默比乌斯(Möbius, 1790~1868)首先研究的, 所以也称为**默比乌斯映射**.

对(6.5)式需作几点分析与说明.

(1) 用 $(cz+d)$ 乘(6.5)式两边得

$$cwz + dw - az - b = 0, \tag{6.6}$$

对每一个固定的 z, 上式关于 w 是线性的; 而对每一个固定的 w, 上式关于 z 也是线性的, 所以称(6.6)式是**双线性**的. 这就是称(6.5)式为双线性映射的原因.

(2) $ad-bc \neq 0$ 的限制是为了保证映射的保角性, 否则当 $ad-bc = 0$ 时, 由

$$\frac{\mathrm{d}w}{\mathrm{d}z} = \frac{ad-bc}{(cz-d)^2}$$

得 $\dfrac{\mathrm{d}w}{\mathrm{d}z} = 0$, 这时 w 为常数.

(3) 分式线性映射(6.5)的逆映射为

$$z = \frac{dw-b}{-cw+a}, \tag{6.7}$$

且 $da-(-b)(-c) = ad-bc \neq 0$, 它也是一个分式线性映射, 由此得下面定理.

定理 6.2.1 分式线性映射在扩充的复平面上是一一对应的.

(4) 两个分式线性映射的复合仍是一个分式线性映射.

例 5 设

$$w_1 = \frac{a_1 z + b_1}{c_1 z + d_1} \ (a_1 d_1 - b_1 c_1 \neq 0), \quad w = \frac{a_2 w_1 + b_2}{c_2 w_1 + d_2} \ (a_2 d_2 - b_2 c_2 \neq 0),$$

将它们复合起来得

$$w = \frac{(a_1 a_2 + c_1 b_2)z + (b_1 a_2 + d_1 b_2)}{(a_1 c_2 + c_1 d_2)z + (b_1 c_2 + d_1 d_2)} \xlongequal{\text{记为}} \frac{az+b}{cz+d},$$

则

$$ad - bc = (a_1 d_1 - b_1 c_1)(a_2 d_2 - b_2 c_2) \neq 0.$$

(5) 分式线性映射可分解为一些简单映射的复合.

当 $c = 0$ 时,$w = \dfrac{a}{d} z + \dfrac{b}{d}$;

当 $c \neq 0$ 时,$w = \dfrac{a}{c} + \dfrac{bc - ad}{c^2} \cdot \dfrac{1}{z + \dfrac{d}{c}}$,即分式线性映射 $w = \dfrac{az + b}{cz + d}$ 可看成是以

下三个简单映射复合而成的:

$$w_1 = z + \frac{d}{c}, \quad w_2 = \frac{1}{w_1}, \quad w = \frac{a}{c} + \frac{bc - ad}{c^2} w_2,$$

把这三种特殊的映射写成

$$w = z + b, \quad w = az, \quad w = \frac{1}{z}. \tag{6.8}$$

下面就来讨论这三种映射,为了方便,暂且将 W 平面看成是与 Z 平面重合的.

$1°$ $w = z + b$,这是一个平移映射. 由于复数相加可以转化为向量相加,故在 $w = z + b$ 下,z 沿向量 b(即复数 b 所表示的向量)的方向平行移动一段距离 $|b|$ 后,就得到 w(图 6.6).

$2°$ $w = az(a \neq 0)$,这是一个旋转与伸长(或缩短)映射. 设 $z = r e^{i\theta}$,$a = r_1 e^{i\theta_1}$,则 $w = r r_1 e^{(\theta + \theta_1)}$,这时把 z 先转一个角度 θ_1,再将 $|z|$ 伸长(或缩短)到 $|a| = r_1$ 倍后,就得到 w(图 6.7).

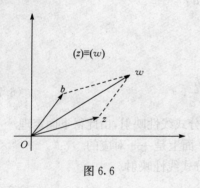

图 6.6

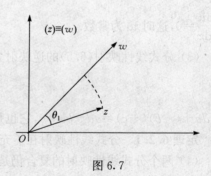

图 6.7

$3°$ $w = \dfrac{1}{z}$,这个映射又可分解为

$$w_1 = \frac{1}{z}, \quad w = \overline{w}_1,$$

前者是关于单位圆周的对称变换,后者是关于实轴的对称变换.

下面先引入关于圆周对称点的概念.

定义 6.2.2 设 C 是以原点为中心, r 为半径的圆周, 在以圆心为起点的一条射线上, 若两点 P 与 P' 满足关系式

$$OP \cdot OP' = r^2, \tag{6.9}$$

称两点 P 与 P' **关于圆周 C 互为对称点**.

已知圆周 C 外一点 P, 如何作出关于圆周 C 的对称点 P' 呢? 作法如下: 从点 P 作圆周 C 的切线 PT, 由 PT 作 OP 的垂线 TP', 与 OP 交于 P', 则两点 P 与 P' 即互为对称点(图 6.8). 这因为 $\triangle OP'T \backsim \triangle OTP$, 故 $OP' : OT = OT : OP$, 即

$$OP \cdot OP' = OT^2 = r^2.$$

我们规定, 无穷远点关于圆周的对称点是圆心 O.

有了关于圆周对称点的概念, 对映射 $w = \dfrac{1}{z}$ 分析如下.

设 $z = r\mathrm{e}^{\mathrm{i}\theta}$, 则 $w_1 = \dfrac{1}{\bar{z}} = \dfrac{1}{r}\mathrm{e}^{\mathrm{i}\theta}$, $w = \bar{w}_1 = \dfrac{1}{r}\mathrm{e}^{-\mathrm{i}\theta}$, $|w_1||z| = 1$, 由此可见点 z 与点 w_1 是关于单位圆周 $|z| = 1$ 的对称点. w_1 与 $w = \bar{w}_1$ 是关于实轴的对称点. 因而, 要从 z 作出 $w = \dfrac{1}{z}$, 就先作点 z 关于圆周 $|z| = 1$ 的对称点 w_1, 再作点 w_1 关于实轴的对称点, 即得 w(图 6.9).

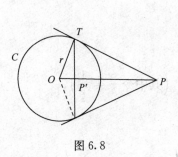

图 6.8

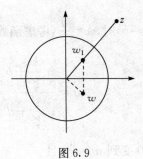

图 6.9

6.2.2 分式线性映射的性质

1. 保角性

首先定义两条曲线在 $z = \infty$ 处的夹角.

定义 6.2.3 设在 Z 平面上有两条延伸到 $z = \infty$ 的曲线 C_1 与 C_2, 令 $\zeta = \dfrac{1}{z}$, 则 $z = \infty$ 变为 $\zeta = 0$. 于是曲线 C_1 与 C_2 就分别变为由 $\zeta = 0$ 出发的两条曲线 C'_1 与 C'_2. C'_1 与 C'_2 在 $\zeta = 0$ 处的夹角就称为曲线 C_1 与 C_2 **在 $z = \infty$ 处的夹角**.

这就是说: 两条曲线在 $z = \infty$ 处的夹角是通过变换 $\zeta = \dfrac{1}{z}$ 后, 从得到的像在

$\zeta=0$ 处的夹角来定义的.

1° 设 $c\neq0$,则分式线性映射(6.5)将 $z=-\dfrac{d}{c}$ 变到 $w=\infty$,$z=\infty$ 变到 $w=\dfrac{a}{c}$,
显然

$$\frac{\mathrm{d}w}{\mathrm{d}z}=\frac{ad-bc}{(cz+d)^2}\neq0\quad\left(z\neq-\frac{d}{c}\right).$$

当 $z\neq-\dfrac{d}{c}$ 时,映射(6.5)是保角的.

当 $z=-\dfrac{d}{c},w=\infty$,考虑函数

$$w_1=\frac{1}{w}=\frac{cz+d}{az+b},\tag{6.10}$$

它将 $z=-\dfrac{d}{c}$ 变成 $w_1=0$,且

$$\frac{\mathrm{d}w_1}{\mathrm{d}z}\bigg|_{z=-\frac{d}{c}}=\frac{bc-ad}{(az+b)^2}\bigg|_{z=-\frac{d}{c}}=\frac{c^2}{bc-ad}\neq0,$$

因而映射(6.10)在 $z=-\dfrac{d}{c}$ 处是保角的,即映射 $w=\dfrac{1}{w_1}=\dfrac{az+b}{cz+d}$ 在 $z=-\dfrac{d}{c}$ 处是保角的.

当 $z=\infty$ 时,$w=\dfrac{a}{c}$,考虑函数

$$w=\frac{a\dfrac{1}{\zeta}+b}{c\dfrac{1}{\zeta}+d}=\frac{a+b\zeta}{c+d\zeta}\quad\left(\text{其中令 }z=\frac{1}{\zeta}\right),\tag{6.11}$$

它将 $\zeta=0$ 变到 $w=\dfrac{a}{c}$,且

$$\frac{\mathrm{d}w}{\mathrm{d}\zeta}\bigg|_{\zeta=0}=\frac{bc-ad}{(c+d\zeta)^2}\bigg|_{\zeta=0}=\frac{bc-ad}{c^2}\neq0,$$

因而映射(6.11)在 $\zeta=0$ 处是保角的,即映射(6.5)在 $z=\infty$ 处是保角的.

说明 在无穷远点处,不考虑伸缩率不变性.

2° 设 $c=0$,则分式线性映射(6.5)化为

$$w=\frac{az+b}{d}\xlongequal{\text{记为}}\alpha z+\beta\quad(\alpha\neq0),\tag{6.12}$$

显然有

$$\frac{\mathrm{d}w}{\mathrm{d}z}=\alpha\neq0.$$

当 $z \neq \infty$ 时, 映射(6.12)是保角的.

当 $z = \infty$ 时, 对应着 $w = \infty$, 为了要研究映射(6.12)在无穷远点处是保角的, 考虑函数

$$w_1 = \frac{1}{w} = \frac{1}{\alpha \frac{1}{\xi} + \beta} = \frac{\xi}{\alpha + \beta \xi} \quad \left(\text{其中令 } z = \frac{1}{\xi}\right), \tag{6.13}$$

它将 $\xi = 0$ 变到 $w_1 = 0$, 显然有

$$\frac{\mathrm{d}w_1}{\mathrm{d}\xi}\bigg|_{\xi=0} = \frac{\alpha}{(\alpha + \beta\xi)^2}\bigg|_{\xi=0} = \frac{1}{\alpha} \neq 0,$$

因而映射(6.13)在 $\xi = 0$ 处是保角的, 即映射(6.12)在 $z = \infty$ 处是保角的.

综上所述, 得到定理 6.2.2.

定理 6.2.2 分式线性映射(6.5)在扩充的复平面上是保角的.

2. 保圆性

今后, 我们把直线看成半径为 ∞ 的圆周, 则分式线性映射具有将圆周映射成圆周的性质, 称此性质为**保圆性**.

映射 $w = z + b$ 与 $w = az(a \neq 0)$ 将 Z 平面内的一点经平移、旋转或伸缩映射成像点 w, 则 Z 平面内一个圆周或一条直线经过这两个映射后映射成的像曲线仍为一个圆周或一条直线. 因此这两个映射具有保圆性.

下面阐明映射 $w = \frac{1}{z}$ 也具有保圆性. 为此令 $z = x + \mathrm{i}y$, $w = u + \mathrm{i}v$, 则

$$w = \frac{1}{z} = \frac{1}{x + \mathrm{i}y} = \frac{x - \mathrm{i}y}{x^2 + y^2},$$

$$u = \frac{x}{x^2 + y^2}, \quad v = \frac{-y}{x^2 + y^2},$$

或

$$x = \frac{u}{u^2 + v^2}, \quad y = \frac{-v}{u^2 + v^2}.$$

这时映射 $w = \frac{1}{z}$ 将方程

$$A(x^2 + y^2) + Bx + Cy + D = 0$$

映射成方程

$$D(u^2 + v^2) + Bu - Cv + A = 0.$$

这里有四种可能:一是将圆周映射成圆周(当 $A \neq 0$, $D \neq 0$ 时);二是将圆周映射成直线(当 $A \neq 0$, $D = 0$ 时);三是将直线映射成圆周(当 $A = 0$, $D \neq 0$ 时);四是将直线映射成直线(当 $A = 0$, $D = 0$ 时). 这就是说, 映射 $w = \frac{1}{z}$ 将圆周映射成圆周, 具有保

圆性.

综上所述有下面定理.

定理 6.2.3　分式线性映射将扩充 Z 平面上的圆周映射成扩充 W 平面上的圆周,即具有保圆性.

由保圆性,很容易得出下面推论.

推论 6.2.1　在分式线性映射下,若给定的圆周或直线上没有点映射成无穷远点,则它就是映射成半径为有限的圆周;若有一个点映射成无穷远点,则它就映射成直线.

3. 保对称性

分式线性映射还有一个重要性质,这就是保持对称点的不变性. 为此先证明一个有关对称点的几何性质.

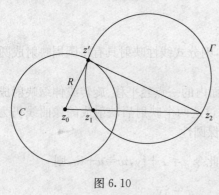

图 6.10

引理 6.2.1　z_1, z_2 是关于圆周 $C: |z - z_0| = R$ 的一对对称点的充要条件是经过 z_1, z_2 的任何圆周 Γ 与 C 成正交(图 6.10).

证　设 z_1, z_2 关于圆周 C 对称,圆周 Γ 经过 z_1, z_2,从 z_0 作 Γ 的切线,设切点为 z',由平面几何学知识可知,切线长的平方 $|z' - z_0|^2$ 等于 Γ 的割线长 $|z_2 - z_0|$ 和它在 Γ 外部分长度 $|z_1 - z_0|$ 的乘积,即

$$|z' - z_0|^2 = |z_2 - z_0||z_1 - z_0|,$$

又由 z_1, z_2 关于圆周 C 对称可知,$|z_2 - z_0||z_1 - z_0| = R^2$,故 $|z' - z_0| = R$,这表示 z' 在圆周 C 上,Γ 的切线就是 C 的半径,因此 Γ 和 C 正交.

反过来,设 Γ 是经过 z_1, z_2,且与 C 成正交的任一圆周,则连接 z_1 与 z_2 的直线作为 Γ 的特殊情况(半径为无穷大)必与 C 正交,因而必过 z_0. 又因为 Γ 与 C 于交点 z' 处正交,因此 C 的半径 $z_0 z'$ 就是 Γ 的切线,所以有

$$|z_1 - z_0||z_2 - z_0| = R^2,$$

即 z_1 与 z_2 是关于圆周 C 的一对对称点.

说明　当圆周 C 退化为直线时,此定理也成立,证明由读者自己完成.

定理 6.2.4　设点 z_1, z_2 是关于圆周 C 的一对对称点,则在分式线性映射下,它们的像点 w_1 与 w_2 是关于 C'(C 的像曲线)的一对对称点.

证明　设经过 w_1 与 w_2 的任一圆周为 Γ',它是经过 z_1 与 z_2 的圆周 Γ 由分式线性映射而映射来的. 因为 Γ 与 C 正交,以及分式线性映射具有保角性,所以 Γ' 与 C'(C 的像)也必正交,因此 w_1 与 w_2 是一对关于 C' 的对称点.

4. 保交比性

定义 6.2.4 由扩充复平面上 4 个有序的相异点 z_1, z_2, z_3, z_4 构成的比式

$$\frac{z_4 - z_1}{z_4 - z_2} : \frac{z_3 - z_1}{z_3 - z_2} \tag{6.14}$$

称为它们的**交比**,记为 (z_1, z_2, z_3, z_4).

若 4 个点中有一个为 ∞,则应将包含此点的分子或分母用 1 代替,如 $z_1 = \infty$,就有

$$(\infty, z_2, z_3, z_4) = \frac{1}{z_4 - z_2} : \frac{1}{z_3 - z_2}. \tag{6.15}$$

对于 $w = z + b, w = az, w = \dfrac{1}{z}$,设 $w_k = z_k + b, w_k = az_k, w_k = \dfrac{1}{z_k}(k = 1, 2, 3, 4)$,很容易验证其交比的不变性,即

$$\frac{w_4 - w_1}{w_4 - w_2} : \frac{w_3 - w_1}{w_3 - w_2} = \frac{z_4 - z_1}{z_4 - z_2} : \frac{z_3 - z_1}{z_3 - z_2}, \tag{6.16}$$

因此有下面的定理.

定理 6.2.5 分式线性映射在扩充的复平面上具有保交比性.

6.2.3 唯一决定分式线性映射的条件

分式线性映射 (6.5) 式中含有常数 a, b, c, d,若我们用这四个常数中的一个去除分子和分母,就可以将分式中四个常数化为三个常数,所以 (6.5) 式中实际上只有三个独立的常数. 这就告诉我们只需给定三个条件,就能决定三个独立的常数,因而就能唯一决定一个分式线性映射,因此有下面的定理.

定理 6.2.6 在 Z 平面上任意给定三个相异的点 z_1, z_2, z_3,在 W 平面上也任意给定三个相异的点 w_1, w_2, w_3,则存在唯一的分式线性映射,将 $z_k(k = 1, 2, 3)$ 依次映射成 $w_k(k = 1, 2, 3)$. 此分式线性映射为

$$\frac{w - w_1}{w - w_2} : \frac{w_3 - w_1}{w_3 - w_2} = \frac{z - z_1}{z - z_2} : \frac{z_3 - z_1}{z_3 - z_2}. \tag{6.17}$$

证 设有分式线性映射将 Z 平面上点 z 映射成 W 平面上点 w,$z_k(k = 1, 2, 3)$ 依次映射成 $w_k(k = 1, 2, 3)$,则由保交比性得

$$(w_1, w_2, w_3, w) = (z_1, z_2, z_3, z),$$

这就是所求的分式线性映射 (6.17) 式,此映射确实是将 $z_k(k = 1, 2, 3)$ 映射成 $w_k(k = 1, 2, 3)$. 并由保交比性知此映射是唯一的.

例 6 求将 $z_1 = -1, z_2 = 1, z_3 = i$ 映射成 $w_1 = -1, w_2 = 1, w_3 = 0$ 的分式线性映射.

解　由(6.17)式得

$$\frac{w-(-1)}{w-1} : \frac{0-(-1)}{0-1} = \frac{z-(-1)}{z-1} : \frac{i-(-1)}{i-1},$$

经化简得

$$w = \frac{1+iz}{i+z} = i\frac{z-i}{z+i}.$$

说明　在三个对应点中有一点为 ∞，若 $z_1=\infty$，(6.17)式化为

$$\frac{w-w_1}{w-w_2} : \frac{w_3-w_1}{w_3-w_2} = \frac{1}{z-z_2} : \frac{1}{z_3-z_2}; \qquad (6.18)$$

若 $z_2=\infty$，(6.17)式化为

$$\frac{w-w_1}{w-w_2} : \frac{w_3-w_1}{w_3-w_2} = \frac{z-z_1}{1} : \frac{z_3-z_1}{1}; \qquad (6.19)$$

若 $z_3=\infty$，(6.17)式化为

$$\frac{w-w_1}{w-w_2} : \frac{w_3-w_1}{w_3-w_2} = \frac{z-z_1}{z-z_2} : \frac{1}{1} = \frac{z-z_1}{z-z_2}. \qquad (6.20)$$

若 $w_1=\infty,w_2=\infty,w_3=\infty$，则分别与(6.18)式、(6.19)式、(6.20)式相类似.

例 7　求将点 $z_1=\infty,z_2=1,z_3=i$ 映射成 $w_1=-1,w_2=1,w_3=0$ 的分式线性映射.

解一　由(6.18)式得

$$\frac{w-(-1)}{w-1} : \frac{0-(-1)}{0-1} = \frac{1}{z-1} : \frac{1}{i-1},$$

经化简得

$$w = \frac{-z+i}{z+(i-2)}.$$

解二　直接利用三个对应点的数值求出 a,b,c,d.

将 $z_1=\infty,w_1=-1$ 代入 $w=\dfrac{az+b}{cz+d}$ 得 $a=-c$；

将 $z_3=i,w_3=0$ 代入 $w=\dfrac{az+b}{cz+d}$ 得 $0=\dfrac{ai+b}{ci+d}$，即 $b=-ai,b=ci$；

将 $z_2=1,w_2=1$ 代入 $w=\dfrac{az+b}{cz+d}$ 得 $1=\dfrac{a+b}{c+d}$，即 $d=a+b-c=-c+ci-$

$c=c(i-2)$，因而有

$$w = \frac{-cz+ci}{cz+c(i-2)} = \frac{-z+i}{z+i-2}.$$

考虑到分式性映射具有保角性、保圆性、保对称性、保交比性等四个很好的性质，因此在处理边界由圆周、圆弧、直线、直线段所组成区域的共形映射问题时，分式线性映射将起到十分重要的作用.因为过不在一直线上的三点可作且仅能作一

个圆周,所以这里我们再利用三个对应点唯一决定分式线性映射的论断对有关圆形区域的共形映射问题作些分析.

定理 6.2.7 在两个已知圆周 C 与 C' 上,分别取定三个不同点,存在一个分式线性映射将 C 映射成 C',则 C 的内部不是映射成 C' 的内部就是映射成 C' 的外部.

证 设 z_1, z_2 为 C 内的任意两点,用直线段把这两点连接起来,如果线段 z_1z_2 的像为圆弧 $\overparen{w_1w_2}$(或直线段),且 w_1 在 C' 之外,w_2 在 C' 之内,那么弧 $\overparen{w_1w_2}$ 必与 C' 交于一点 Q(图 6.11). Q 点在 C' 上,所以 Q 必须是 C 上某一点的像,但由假设 Q 又是 z_1z_2 上某一点的像,因而就有两个不同的点(一个在圆周 C 上,另一个在线段 z_1z_2 上)被映射为同一点 Q,这就与分式线性映射的一一对应相矛盾,证毕.

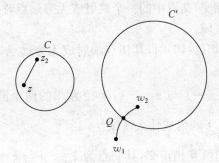

图 6.11

推论 6.2.2 在分式线性映射下,若在 C 内任取一点 z_0,而点 z_0 的像在 C' 的内部,则 C 的内部就映射成 C' 的内部;若点 z_0 的像在 C' 的外部,则 C 的内部就映射成 C' 的外部.

此推论也可以换一个方法去处理. 在 C 上取定三点 z_1, z_2, z_3,它们在 C' 上的像分别为 w_1, w_2, w_3,若 C 依 $z_1 \to z_2 \to z_3$ 的绕向与 C' 依 $w_1 \to w_2 \to w_3$ 的绕向相同时,则 C 的内部就映射成 C' 的内部;相反时,C 的内部就映射成 C' 的外部(图 6.12).

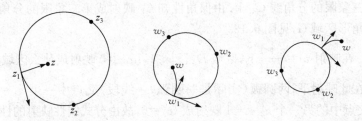

图 6.12

这因为:在过 z_1 的半径上取一点 z,线段 z_1z 的像必为正交于 C' 的圆弧 $\overparen{w_1w}$,由共形映射的性质,当绕向相同时,w 必在 C' 内,相反时,必在 C' 外.

　　这里还需作一些说明. 在 C 为圆周, C' 为直线的情况下, 上述分式线性映射将 C 的内部映射成 C' 的某一侧的半平面, 究竟是哪一侧, 也可由绕向来定. 还有其他情况(C 为直线, C' 为圆周; C, C' 均为直线), 结果相类似, 不再赘述.

　　分式线性映射除上述四个性质外, 在有关圆形区域的共形映射中还有如下几个性质, 这些性质将保圆性(推论 6.2.1)进一步加以引申.

　　推论 6.2.3　(1)当两个圆周(相交)上没有点映射成无穷远点时, 这两个圆周的弧形所围成的区域映射成两个圆弧所围成的区域;

　　(2)当两个圆周(相交)上有一个点映射成无穷远点时, 这两个圆周的弧所围成的区域映射成一圆弧与一直线所围成的区域;

　　(3)当两个圆周(相交)交点中的一个映射成无穷远点时, 这两个圆周的弧所围成的区域映射成角形区域;

　　(4)当两个圆周相切(内切)时, 其切点映射成无穷远点, 这两个圆周的弧所围成的区域映射成带形域.

　　例 8　中心分别在 $z=1$ 与 $z=-1$, 半径为 $\sqrt{2}$ 的两个圆弧所围成的区域(图 6.13), 在映射 $w=\dfrac{z-i}{z+i}$ 下映射成什么区域?

　　解　所设的两个圆弧互相正交, 其交点为 $z=-i$ 与 $z=i$, 交点中一个 $z=-i$ 映射成无穷远点 $w=\infty$, 交点中 $z=i$ 映射成 $w=0$. 因此由分式线性映射的性质(即推论 6.2.3 中性质(3))可知, 所给区域映射成以原点为顶点的角形区域, 张角等于 $\dfrac{\pi}{2}$.

　　为了要确定角形域的位置, 只要定出它的边上异于顶点的任一点就可以了. 取所给圆弧 C_1 与正实轴的交点 $z=\sqrt{2}-1$, 映射成点

$$w=\frac{(\sqrt{2}-1)-i}{(\sqrt{2}-1)+i}=\frac{(\sqrt{2}-1-i)^2}{(\sqrt{2}-1)^2+1}=\frac{(1-\sqrt{2})+i(1-\sqrt{2})}{2-\sqrt{2}},$$

此点在第三象限的分角线 C_1' 上. 由保角性知 C_2 映射成第二象限的分角线 C_2', 从而映射成角形区域 G, 见图 6.13.

　　例 9　在映射 $w=\dfrac{z+1}{z-1}$ 下, 区域 $D: |z|<1, \text{Im}\, z>0$ 映射成什么区域?

　　解　在此映射下, 两圆弧(实际是一圆弧、一线段)交点中一个 $z_1=1$ 映射成 $w_1=\infty$, 交点中的另一个 $z_2=-1$ 映射成 $w_2=0$, 故由分式线性映射的性质可知区域 D 映射成角形域. 在 Z 平面上点 z_2 处, 两曲线间夹角为 $\dfrac{\pi}{2}$, 则在 W 平面上点 $w_2=0$ 处角形区域的张角也就为 $\dfrac{\pi}{2}$.

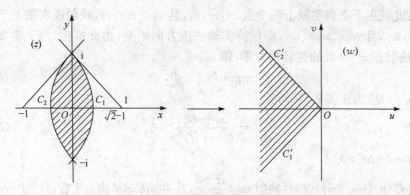

图 6.13

为了确定角形区域 G 的位置,在 G 的边界上取异于顶点的任何一点就可以了. 在 D 的边界 C_1 上取一点 $z=0$,在 W 平面上映射成 $w=-1$,故 C_1 映射成 C_1': $v=0, u=\text{Re}w<0$. 由保角性知 C_2 映射成 $C_2': u=0, v=\text{Im}w<0$,故区域 D 映射成区域 $G: u<0, v<0$,见图 6.14.

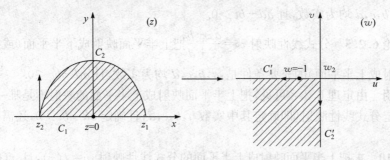

图 6.14

说明 为了方便应用,我们把例 8 和例 9 中在分式线性映射 $w=f(z)$ 下求像域的方法称为**分式线性映射法**.

6.2.4 三类典型的分式线性映射

这里将具体介绍三类典型的分式线性映射,下面常用到它们.

(1) 把上半平面映射成上半平面的分式线性映射.

定理 6.2.8 分式线性映射 (6.5) 式 $w=\dfrac{az+b}{cz+d}(ad-bc\neq 0)$ 把上半平面映射成上半平面的充要条件是:a,b,c,d 均为实数,且 $ad-bc>0$.

证 充分性. 设映射 $w=\dfrac{az+b}{cz+d}$ 把上半面映射成上半平面,根据保圆性此映射将实轴 $y=\text{Im}z=0$ 映射成实轴 $v=\text{Im}w=0$,这就要求 a,b,c,d 均为实数.

在此映射下必将实轴上三个点 z_1, z_2, z_3，且 $z_1 < z_2 < z_3$，映射成实轴上三个点 w_1, w_2, w_3，且 $w_1 < w_2 < w_3$，即保持实轴的正方向不变，由此推出，当 z 为实数 x 时，此映射在 $z = x$ 处的旋转角为零，即

$$\arg w'(x) = 0, \tag{6.21}$$

这时 $w'(x)$ 应为正实数，从而有

$$\frac{\mathrm{d}w}{\mathrm{d}z} = \frac{ad - bc}{(cz + d)^2} > 0, \tag{6.22}$$

因而有 $ad - bc > 0$。

必要性. 任一个分式线性映射 $w = \dfrac{az + b}{cz + d}$，其中 a, b, c, d 均为实数，且 $ad - bc > 0$，它必然将上半平面映射成上半平面. 这因为：由于 a, b, c, d 均为实数，所以必将实轴映射成实轴，又由于 $ad - bc > 0$，所以 (6.22) 式成立，即 (6.21) 式成立，这表明此映射将正实轴映射成正实轴.

推论 6.2.4　分式线性映射 $w = \dfrac{az + b}{cz + d}$ 把下半平面映射成下半平面的充要条件是：a, b, c, d 均为实数，且 $ad - bc > 0$.

推论 6.2.5　分式线性映射 $w = \dfrac{az + b}{cz + d}$ 把上半平面映射成下半平面（或把下半平面映射成上半平面）的充要条件是：a, b, c, d 均为实数，且 $ad - bc < 0$.

说明　由定理 6.2.8 可见，把上半平面映射成上半平面的映射不是唯一的，要具体确定分式线性映射，即确定其中实数 a, b, c, d，且确定 $ad - bc > 0$，还需附加一些条件.

例 10　求把上半平面映射成上半平面的分式线性映射 $w = f(z)$，且 $f(0) = 0$，$f(\mathrm{i}) = 1 + \mathrm{i}$.

解　设所求的分式线性映射为 $w = f(z) = \dfrac{az + b}{cz + d}$，其中 a, b, c, d 均为实数，由 $f(0) = 0, f(\mathrm{i}) = 1 + \mathrm{i}$ 得

$$\begin{cases} \dfrac{0 + b}{0 + d} = 0, \\[2mm] \dfrac{a\mathrm{i} + b}{c\mathrm{i} + d} = 1 + \mathrm{i}, \end{cases}$$

解得

$$\begin{cases} b = 0, \\[2mm] c = d = \dfrac{1}{2}a, \end{cases}$$

从而所求的分式线性映射为

$$w = f(z) = \frac{z}{\frac{1}{2}z + \frac{1}{2}} = \frac{2z}{z+1},$$

又因为 $ad-bc=2\times1-0\times1=2>0$,所以此映射能把上半平面映射成上半平面.

(2) 把上半平面映射成单位圆内部的分式线性映射.

定理 6.2.9 分式线性映射将 $\mathrm{Im}z>0$ 映射到 $|w|<1$ 的充要条件是:它具有如下形式

$$w = f(z) = \mathrm{e}^{\mathrm{i}\theta} \cdot \frac{z-\alpha}{z-\overline{\alpha}} \quad (\text{其中}\,\theta\,\text{为实数},\mathrm{Im}\alpha>0). \tag{6.23}$$

证 充分性. 设分式线性映射 $w=\dfrac{az+b}{cz+d}$ 将 $\mathrm{Im}z>0$ 映射成 $|w|<1$,根据保圆性它必将实轴 $\mathrm{Im}z=0$ 映射成单位圆周 $|w|=1$,且把点 $z=\alpha(\mathrm{Im}\alpha>0)$ 映射成 $w=0$,又根据保对称性知,点 α 关于实轴的对称点 $z=\overline{\alpha}$ 应该映射成 $w=0$ 关于单位圆周的对称点 $w=\infty$,因此由 $f(\alpha)=0, f(\overline{\alpha})=\infty$ 得

$$\begin{cases} a\alpha + b = 0, \\ c\overline{\alpha} + d = 0, \end{cases}$$

解得

$$\begin{cases} b = -a\alpha, \\ d = -c\overline{\alpha}, \end{cases}$$

则

$$w = f(z) = \frac{a}{c} \cdot \frac{z-\alpha}{z-\overline{\alpha}},$$

又由 $w=f(z)$ 将边界 $\mathrm{Im}z=0$ 映射成边界 $|w|=1$,若令 $z=x$(实数)得

$$\left| \frac{a}{c} \cdot \frac{x-\alpha}{x-\overline{\alpha}} \right| = 1, \text{即} \left| \frac{a}{c} \right| = 1,$$

$$\frac{a}{c} = \mathrm{e}^{\mathrm{i}\theta} \quad (\theta\,\text{为某个实数}),$$

故有

$$w = f(z) = \mathrm{e}^{\mathrm{i}\theta} \cdot \frac{z-\alpha}{z-\overline{\alpha}}.$$

必要性. 形如(6.23)式的分式线性映射必将上半平面 $\mathrm{Im}z>0$ 映射成单位圆内部 $|w|<1$,这因为当 z 取实数 x 时,有

$$|w| = \left| \mathrm{e}^{\mathrm{i}\theta} \cdot \frac{x-\alpha}{x-\overline{\alpha}} \right| = |\mathrm{e}^{\mathrm{i}\theta}| \left| \frac{x-\alpha}{x-\overline{\alpha}} \right| = 1,$$

即把实轴 $\mathrm{Im}z=0$ 映射成 $|w|=1$. 又因为上半平面中的 $z=\alpha$ 映射成 $w=0$,所以(6.23)式必将 $\mathrm{Im}z>0$ 映射成 $|w|<1$.

推论 6.2.6   分式线性映射将 $\mathrm{Im}z>0$ 映射到 $|w|>1$ 的充要条件是：它具有如下形式

$$w=f(z)=\mathrm{e}^{\mathrm{i}\theta}\cdot\frac{z-\alpha}{z-\bar{\alpha}}\quad(\text{其中 }\theta\text{ 为实数},\mathrm{Im}\alpha<0). \tag{6.24}$$

说明   由 (6.23) 式可见，将上半平面映射到单位圆内部的分式线性映射 $w=f(z)$ 不是唯一的，要具体确定映射 (6.23) 式这就要求：

(1) 给定 α，使 $f(\alpha)=0$，见下面例 11. 若未给定 α 使 $f(\alpha)=0$，就要在 Z 平面与 W 平面之间"插入"平面 W_1，此类型题目具体解题步骤见下面例 12.

(2) 确定 θ. 为了确定 θ 必须指出映射在点 α 处的旋转角 $\arg w'(\alpha)$ 或一对边界对应点等.

例 11   求分式线性映射 $w=f(z)$，它把 $\mathrm{Im}z>0$ 映射成单位圆内部 $|w|<1$，并且：

(1) 把点 $z=\mathrm{i}$ 映射成 $w=0$，即 $f(\mathrm{i})=0$；

(2) 从点 $z=\mathrm{i}$ 出发平行于正实轴的方向，对应着从点 $w=0$ 出发的虚轴正向，即 $\arg w'(\mathrm{i})=\dfrac{\pi}{2}$.

解   由条件 (1) 知，(6.23) 式中 $\alpha=\mathrm{i}$，则

$$w=\mathrm{e}^{\mathrm{i}\theta}\cdot\frac{z-\mathrm{i}}{z+\mathrm{i}},$$

$$w'\Big|_{z=\mathrm{i}}=\mathrm{e}^{\mathrm{i}\theta}\frac{2\mathrm{i}}{(z+\mathrm{i})^2}\Big|_{z=\mathrm{i}}=\mathrm{e}^{\mathrm{i}\theta}\cdot\frac{1}{2\mathrm{i}}=\frac{1}{2}\mathrm{e}^{\mathrm{i}\left(\theta-\frac{\pi}{2}\right)},$$

再由条件 (2) 得

$$\arg w'(\mathrm{i})=\theta-\frac{\pi}{2}=\frac{\pi}{2},\quad \theta=\pi,$$

于是所求的分式线性映射为

$$w=f(z)=\mathrm{e}^{\mathrm{i}\pi}\cdot\frac{z-\mathrm{i}}{z+\mathrm{i}}=-\frac{z-\mathrm{i}}{z+\mathrm{i}}.$$

例 12   求分式线性映射 $w=f(z)$，它将 $\mathrm{Im}z>0$ 映射成 $|w|<1$，且满足 $f(1)=1,f(\mathrm{i})=\dfrac{1}{2}$.

解   第一步   这里 $f(1)=1$ 为一对边界对应点，用于确定 (6.23) 中的 θ，故先求出把 $\mathrm{Im}z>0$ 映射成 $|w_1|<1$ 的分式线性映射 $w_1=\varphi(z)$，且满足 $w_1(\mathrm{i})=0$，$w_1(1)=1$.

由 $w_1(\mathrm{i})=0$ 得

$$w_1=\varphi(z)=\mathrm{e}^{\mathrm{i}\theta_1}\cdot\frac{z-\mathrm{i}}{z+\mathrm{i}},$$

再由 $w(1)=1$ 得

$$1 = e^{i\theta_1} \cdot \frac{1-i}{1+i} = e^{i\theta_1}(-i) = e^{i\left(\theta_1 - \frac{\pi}{2}\right)},$$

则有 $\theta_1 - \dfrac{\pi}{2} = 0, \theta_1 = \dfrac{\pi}{2}$，这时

$$w_1 = \varphi(z) = e^{i\frac{\pi}{2}} \cdot \frac{z-i}{z+i} = i\frac{z-i}{z+i} = \frac{1+iz}{z+i}.$$

第二步 求出把 $|w|<1$ 映射成 $|w_1|<1$ 的分式线性映射 $w_1 = \psi^{-1}(w)$，且满足 $\psi^{-1}\left(\dfrac{1}{2}\right) = 0, \psi^{-1}(1) = 1$.

由 $\psi^{-1}\left(\dfrac{1}{2}\right) = 0$ 得

$$w_1 = \psi^{-1}(w) = e^{i\theta_2} \cdot \frac{w - \dfrac{1}{2}}{1 - \dfrac{1}{2}w} = e^{i\theta_2} \cdot \frac{2w-1}{2-w},$$

再由 $\psi^{-1}(1) = 1$ 得

$$1 = e^{i\theta_2}, \quad \theta_2 = 0,$$

这时

$$w_1 = \psi^{-1}(w) = \frac{2w-1}{2-w};$$

第三步 由 $w_1 = \varphi(z), w_1 = \psi^{-1}(w)$ 得

$$\frac{2w-1}{2-w} = \frac{1+iz}{z+i},$$

解得

$$w = \frac{z(1+2i)+(2+i)}{z(2+i)+(1+2i)} = \frac{z + \dfrac{4-3i}{5}}{\dfrac{4-3i}{5}z+1} = \frac{5z+(4-3i)}{(4-3i)z+5}.$$

因为 $w_1 = \varphi(z)$ 把 $\mathrm{Im}\,z > 0$ 映射成 $|w_1|<1$，$w_1 = \psi^{-1}(w)$ 的反函数 $w = \psi(w_1)$ 把 $|w_1|<1$ 映射成 $|w|<1$，所以 $w = \psi[\varphi(z)] = f(z)$ 把 $\mathrm{Im}\,z > 0$ 映射成 $|w|<1$，又

$$f(1) = \psi[\varphi(1)] = \psi(1) = 1,$$

$$f(i) = \psi[\varphi(i)] = \psi(0) = \frac{1}{2},$$

因此上述求出的映射 $w = f(z)$ 满足题目要求，即为所求的映射.

(3) 把单位圆内部映射到单位圆内部的分式线性映射.

定理 6.2.10 分式线性映射将 $|z|<1$ 映射到 $|w|<1$ 的充要条件是,它具有如下形式:

$$w = f(z) = e^{i\theta} \frac{z-\alpha}{1-\bar{\alpha}z} \quad (\theta \text{ 为实数}, |\alpha|<1). \tag{6.25}$$

证 充分性. 设分式线性映射 $w = \dfrac{az+b}{cz+d}$ 将单位圆内部 $|z|<1$ 映射到单位圆内部 $|w|<1$,则它必将某一点 $\alpha(|\alpha|<1)$ 映射到 $w=0$. 由分式线性映射的保对称性知,它必将 $z=\alpha$ 关于 $|z|=1$ 的对称点 $z=\dfrac{1}{\bar{\alpha}}$ 映射到 $w=0$ 关于 $|w|=1$ 的对称点 $w=\infty$,因此由 $f(\alpha)=0$ 与 $f\left(\dfrac{1}{\bar{\alpha}}\right)=\infty$ 得

$$\begin{cases} a\alpha + b = 0, \\ c\dfrac{1}{\bar{\alpha}} + d = 0, \end{cases}$$

解得

$$\begin{cases} b = -a\alpha, \\ d = -\dfrac{c}{\bar{\alpha}}, \end{cases}$$

则

$$w = f(z) = \frac{a}{c} \cdot \frac{z-\alpha}{z-\dfrac{1}{\bar{\alpha}}} = -\frac{a}{c} \cdot \bar{\alpha} \cdot \frac{z-\alpha}{1-\bar{\alpha}z}.$$

由 $w=f(z)$ 将 $|z|=1$ 映射成 $|w|=1$,令 $z=e^{i\theta_0}$(θ_0 为实数)得

$$1 = |w| = \left|-\frac{a}{c}\bar{\alpha}\right|\left|\frac{e^{i\theta_0}-\alpha}{1-\bar{\alpha}e^{i\theta_0}}\right| = \left|-\frac{a}{c}\bar{\alpha}\right|\left|\frac{1}{e^{i\theta_0}}\right|\left|\frac{e^{i\theta_0}-\alpha}{e^{-i\theta_0}-\bar{\alpha}}\right| = \left|-\frac{a}{c}\bar{\alpha}\right|,$$

即

$$-\frac{a}{c}\bar{\alpha} = e^{i\theta} \quad (\theta \text{ 为实数}),$$

故

$$w = f(z) = e^{i\theta} \cdot \frac{z-\alpha}{1-\bar{\alpha}z} \quad (\text{其中 } \theta \text{ 为实数}, |\alpha|<1).$$

必要性. 若令 $z=e^{i\theta_0}$(θ_0 为实数),由 (6.25) 式得

$$|w| = \left|e^{i\theta} \cdot \frac{e^{i\theta_0}-\alpha}{1-\bar{\alpha}e^{i\theta_0}}\right| = |e^{i\theta}|\left|\frac{1}{e^{i\theta_0}}\right|\left|\frac{e^{i\theta_0}-\alpha}{e^{-i\theta_0}-\bar{\alpha}}\right| = 1,$$

(6.25) 式将 $|z|=1$ 映射到 $|w|=1$,此外在单位圆内部 $|z|<1$ 有一点 $z=\alpha$ 映射成 $w=0$,故可知 (6.25) 式将 $|z|<1$ 映射成 $|w|<1$.

推论 6.2.7 分式线性映射将 $|z|<1$ 映射到 $|w|>1$ 的充要条件是,它具有如下形式:

$$w = f(z) = e^{i\theta} \cdot \frac{z-\alpha}{1-\bar{\alpha}z} \quad (\text{其中}\ \theta\ \text{为实数},\ |\alpha|>1), \qquad (6.26)$$

说明 (6.25)与(6.23)式一样,要确定其中的 α 与 θ 也有类似的说明.

例 13 求分式线性映射 $w=f(z)$,它将 $|z|<1$ 映射成 $|w|<1$,且满足 $f\left(\dfrac{1}{2}\right)=0, f'\left(\dfrac{1}{2}\right)>0$.

解 由(6.25)式得

$$w = f(z) = e^{i\theta} \cdot \frac{z-\dfrac{1}{2}}{1-\dfrac{1}{2}z} = e^{i\theta} \cdot \frac{2z-1}{2-z} \quad (\text{其中}\ \theta\ \text{为实数}),$$

$$f'(z) = e^{i\theta} \cdot \frac{(2-z)\cdot 2-(2z-1)(-1)}{(2-z)^2} = e^{i\theta} \cdot \frac{3}{(2-z)^2},$$

$$f'\left(\frac{1}{2}\right) = \frac{4}{3}e^{i\theta}, \quad \arg f'\left(\frac{1}{2}\right) = \theta,$$

由条件 $f'\left(\dfrac{1}{2}\right)>0$ 得 $\theta=2k\pi$(k 为整数),故有

$$w = e^{i\cdot 2k\pi}\frac{2z-1}{2-z} = \frac{2z-1}{2-z}.$$

例 14 求分式线性映射 $w=f(z)$,它将 $|z|<1$ 映射成 $|w|<1$,且满足 $f\left(\dfrac{1}{2}\right)=\dfrac{i}{2}$ 与 $f'\left(\dfrac{1}{2}\right)>0$.

解 第一步 求出将 $|z|<1$ 映射到 $|w_1|<1$ 的分式线性映射 $w_1=\varphi(z)$,且满足 $\varphi\left(\dfrac{1}{2}\right)=0, \varphi'\left(\dfrac{1}{2}\right)>0$,由例 13 可知此映射为

$$w_1 = \frac{2z-1}{2-z}.$$

第二步 求出将 $|w|<1$ 映射到 $|w_1|<1$ 的分式线性映射 $w_1=\psi^{-1}(w)$,且满足 $\psi^{-1}\left(\dfrac{i}{2}\right)=0, \psi^{-1\prime}\left(\dfrac{i}{2}\right)>0$.

由(6.25)式得

$$w_1 = \psi^{-1}(w) = e^{i\theta} \cdot \frac{w-\dfrac{i}{2}}{1+\dfrac{i}{2}w} = e^{i\theta} \cdot \frac{2w-i}{2+iw},$$

$$\psi^{-1}{}'(w) = \mathrm{e}^{\mathrm{i}\theta} \cdot \frac{3}{(2+\mathrm{i}w)^2},$$

$$\psi^{-1}{}'\left(\frac{\mathrm{i}}{2}\right) = \frac{4}{3}\mathrm{e}^{\mathrm{i}\theta},$$

再由 $\psi^{-1}{}'\left(\dfrac{\mathrm{i}}{2}\right) > 0$ 得 $\theta = 2k\pi, \mathrm{e}^{\mathrm{i}\theta} = \mathrm{e}^{\mathrm{i} \cdot 2k\pi} = 1.$ 故有

$$w_1 = \psi^{-1}(w) = \frac{2w-\mathrm{i}}{2+\mathrm{i}w}.$$

第三步 由 $w_1 = \varphi(z), w_1 = \psi^{-1}(w)$ 得

$$\frac{2w-\mathrm{i}}{2+\mathrm{i}w} = \frac{2z-1}{2-z},$$

解得

$$w = \frac{2(\mathrm{i}-1)+(4-\mathrm{i})z}{(4+\mathrm{i})-2(\mathrm{i}+1)z}.$$

因为 $w_1 = \varphi(z)$ 把 $|z| < 1$ 映射成 $|w_1| < 1, w_1 = \psi^{-1}(w)$ 的反函数 $w = \psi(w_1)$ 把 $|w_1| < 1$ 映射成 $|w| < 1$，所以 $w = \psi[\varphi(z)] = f(z)$ 把 $|z| < 1$ 映射成 $|w| < 1$，又

$$f\left(\frac{1}{2}\right) = \psi\left[\varphi\left(\frac{1}{2}\right)\right] = \psi(0) = \frac{\mathrm{i}}{2},$$

$$f'(z) = \psi'[\varphi(z)] \cdot \varphi'(z) = \psi'(w_1) \cdot \varphi'(z) = \frac{1}{\psi^{-1}{}'(w)} \cdot \varphi'(z),$$

$$f'\left(\frac{1}{2}\right) = \frac{1}{\psi^{-1}{}'\left(\dfrac{\mathrm{i}}{2}\right)} \cdot \varphi'\left(\frac{1}{2}\right) > 0,$$

因此上述求出的映射 $w = f(z)$ 满足题目要求，即为所求的映射.

6.3 几个初等函数所构成的映射

6.2 节讨论了分式线性映射，本节将讨论幂函数与根式函数、指数函数与对数函数等初等函数所构成的映射，在研究共形映射的问题时这些都是常用的映射.

6.3.1 幂函数与根式函数

（1）幂函数. $w = z^n (n \geqslant 2, n$ 为自然数）在 Z 平面上处处可导，且

$$\frac{\mathrm{d}w}{\mathrm{d}z} = nz^{n-1}.$$

当 $z \neq 0$ 时，$\dfrac{\mathrm{d}w}{\mathrm{d}z} \neq 0$，所以由 $w = z^n$ 所构成的映射在除去原点的 Z 平面上处处

是共形的.

若令 $z=re^{i\theta}, w=\rho e^{i\varphi}$,则

$$\rho e^{i\varphi} = r^n e^{in\theta},$$

即

$$\rho = r^n, \varphi = n\theta.$$

显而易见,在映射 $w=z^n$ 下,Z 平面上的圆周 $|z|=r$ 映射成 W 平面上的圆周 $|w|=r^n$;射线 $\theta=\arg z=\theta_0$ 映射成射线 $\varphi=\arg w=n\theta_0$;正实轴 $\theta=0$ 映射成正实轴 $\varphi=0$;角形域 $0<\theta<\theta_0\left(\theta_0<\dfrac{2\pi}{n}\right)$ 映射成角形域 $0<\varphi<n\theta_0$(图 6.15).

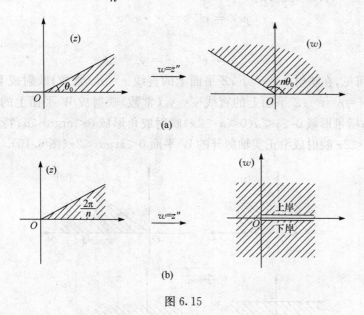

图 6.15

因此由幂函数 $w=z^n$ 所构成的映射具有如下的特征:它能把以 $z=0$ 为顶点的角形域映射成以 $w=0$ 为顶点的角形域,且映射后的张角是原张角的 n 倍.特别地把 Z 平面上的角形域 $0<\arg z<\dfrac{\pi}{n}$ 映射成 W 平面上的上半平面 $0<\arg w<\pi$,把 Z 平面的角形域 $0<\arg z<\dfrac{2\pi}{n}$ 映射成 W 平面($\arg z=0$ 映射成 W 平面上正实轴的上岸 $\arg w=0$,$\arg z=\dfrac{2\pi}{n}$ 映射成沿正实轴剪开的 W 平面上正实轴的下岸 $\arg w=2\pi$)(图 6.15).

(2) 根式函数 $w=\sqrt[n]{z}$ 是幂函数 $w=z^n$ 的反函数,它所构成的映射是把以 $z=0$ 为顶点的角形域映射成以 $w=0$ 为顶点的角形域,但张角缩小为原张角的 $\dfrac{1}{n}$.

如果要把角形域映射成角形域,就可以利用幂函数与根式函数所构成的映射.

例 15　求把角形域 D:$0<\arg z<\dfrac{\pi}{4}$ 映射成角形域 G:$0<\arg w<\dfrac{5\pi}{4}$ 的映射.

解　作映射 $w=z^5$,此映射可将 D 映射成 G.

6.3.2　指数函数与对数函数

(1) 指数函数 $w=e^z$ 在 Z 平面上处处解析,且 $(e^z)'=e^z\neq0$,故映射 $w=e^z$ 在 Z 平面上是共形的.

令 $z=x+iy$,$w=\rho e^{i\varphi}$,则

$$\rho e^{i\varphi}=e^{x+iy}=e^x\cdot e^{iy},$$

即有

$$\rho=e^x,\quad\varphi=y.$$

由此可见,在映射 $w=e^z$ 下,Z 平面上的直线 $x=x_0$(常数)映射成 W 平面上的圆周 $|w|=\rho=e^{x_0}$;Z 平面上的直线 $y=y_0$(常数)映射成 W 平面上的射线 $\varphi=\arg w=y_0$;横带形域 $0<y<a(0<a<2\pi)$ 映射成角形域 $0<\arg w<a$;特别地横带形域 $0<y<2\pi$ 映射成沿正实轴剪开的 W 平面 $0<\arg w<2\pi$(图 6.16).

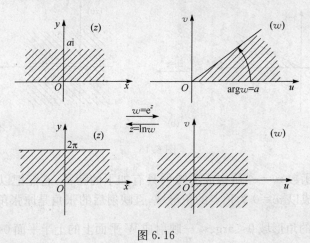

图 6.16

由指数函数 $w=e^z$ 所构成的映射具有如下的特征:把横带形域 $0<\mathrm{Im}z=y<a$ $(0<a\leqslant2\pi)$ 映射成角形域 $0<\arg w<a$.

如果要把带形域映射成角形域,可以利用指数函数 $w=e^z$ 所构成的映射.

(2)对数函数 $w=\ln z$(它是 $\mathrm{Ln}z$ 的主值)是指数函数 $z=e^w$ 的反函数.

令 $z=re^{i\theta}$,$w=u+iv$,则

$$re^{i\theta}=e^{u+iv}=e^u\cdot e^{iv},$$

即

$$u = \ln r, \quad v = \theta.$$

由此可见,在映射 $w=\ln z$ 下,Z 平面上的圆周 $|z|=r(0<\arg z=\theta<2\pi)$ 映射成 W 平面上的直线段 $u=\ln r(0<v<2\pi)$;Z 平面上的射线 $\theta=\arg z=\alpha$ 映射成 W 平面上的直线 $v=\alpha$(图 6.17).

由对数函数 $w=\ln z$ 所构成的映射具有如下的特征:把角形域 $0<\arg z=\theta<\alpha$ $(0<\alpha\leqslant 2\pi)$ 映射成横带形域 $0<v=\mathrm{Im}\,w<\alpha$(图 6.17).

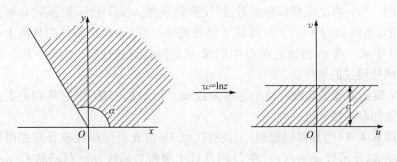

图 6.17

如果要把角形域映射成带形域,可以利用对数函数 $w=\ln z$ 所构成的映射.

例 16 求把区域 D:上半平面 $\mathrm{Im}\,w>0$ 映射成区域 G:横带形域 $0<v=\mathrm{Im}\,w<\pi$ 的映射.

解 作映射 $w=\ln z$,此映射可把区域 D 映射成区域 G.

6.4 共形映射中研究的两个问题

6.4.1 关于共形映射的几个定理

共形映射在应用上是十分重要的,为了进一步利用共形映射研究实际问题,这里叙述有关定理说明共形映射的一些特征.

定理 6.4.1 若函数 $w=f(z)$ 把区域 D 共形地、一一对应地映射成区域 G,则 $w=f(z)$ 在 D 上是单值且解析的函数,其导数在 D 上必不为零,它的反函数 $z=g(w)$ 在 G 上也是单值且解析的函数,并把区域 G 共形地、一一对应地映射成区域 D.

由这个定理与定理 6.1.2 可知,一个单值且解析的函数可以实现一一对应的共形映射.在实际应用中,往往是给出了两个区域 D 和 G,要求找出一个解析函数,它将区域 D 共形映射成区域 G.这样就提出了共形映射理论中的一个基本问题:在复平面上任给两个单连通区域 D 和 G,是否存在一个 D 内的单值解析函数,把 D 共形地映射成 G 呢?我们只要能将 D 和 G 分别一一对应且共形地映射成某一标准形式的区域(如上半平面,单位圆内部等)就行了,因为将这些映射复合起来,就可得到把 D 映射成 G 的解析函数了. 下面的定理肯定地回答了这个问题.

定理 6.4.2(黎曼定理)　设有两个单连通区域 D 和 G(它们的边界是由多于一点所构成的), z_0 和 w_0 分别是 D 和 G 中的任意取的点, θ_0 是任一实数($0 \leqslant \theta_0 \leqslant 2\pi$),则总存在一个函数 $w=f(z)$,它把 D 一一对应地、共形地映射成 G,使得

$$f(z_0) = w_0, \quad \arg f'(z_0) = \theta_0,$$

并且这样的共形映射是唯一的.

说明　(1) 由此定理很容易看出,仅满足条件 $f(z_0)=w_0$ 的函数 $w=f(z)$ 不是唯一的,条件 $\arg f'(z_0)=\theta_0$ 保证了函数的唯一性. 这两个条件在几何上可解释为:对 D 中某一点 z_0 指出它在 G 中的像 w_0,并给出在映射 $w=f(z)$ 下点 z_0 的无穷小邻域所转过的角度 θ_0.

(2) 黎曼定理虽然没有给出寻求函数 $w=f(z)$ 的方法,但它从理论上指出了这种函数的存在性和唯一性.

定理 6.4.3(边界对应原理)　设有区域 D(由光滑闭曲线或分段光滑闭曲线 C 所围成)以及函数 $w=f(z)$(在 D 内及 C 上解析),函数 $w=f(z)$ 将 C 一一对应地映射成闭曲线 Γ, Γ 围成区域 G. 当 z 沿 C 移动使得区域 D 位于左边时,它的对应点 w 就沿 Γ 移动使得区域 G 也位于左边时,则 $w=f(z)$ 将 D 一一对应地、共形地映射成 G.

说明　应用这个原理,已给区域 D 要想求出被函数 $w=f(z)$ 映射成的区域 G,只要沿 D 的边界 C 绕行,并求出此边界 C 被函数 $w=f(z)$ 所映射的闭曲线 Γ,这个闭曲线 Γ 所围成的区域就是 G.

6.4.2　共形映射中研究的两个问题

问题 1　已知映射 $w=f(z)$, Z 平面上的区域 D,求在此映射下映射成 W 平面上的区域 G.

对于这类问题应用边界对应原理得到其求解步骤为:

第一步　利用区域找边界. 即利用题设的区域 D 找出 D 的边界曲线 C;

第二步　根据映射求其像. 即在映射 $w=f(z)$ 下求 Z 平面上的边界曲线 C 映射成 W 平面上的像曲线 Γ;

第三步　边界绕行定像域. 即根据边界对应原理利用边界绕行定出其像域.

说明　(1) 上面介绍的在已知映射下求像域的方法称为**边界绕行映射法**. 根据边界绕行的思想亦可采用"选定一点定像域"的方法,此方法是:在 C 内找一点 z,求在映射 $w=f(z)$ 下的像点 w,看 w 在 Γ 内(或 Γ 外)可定出像域为 Γ 内部(或 Γ 外部).

(2) 对于分式线性映射,在映射下求像域,仍采用前面讲的**分式线性映射法**,见例 8、例 9 等. 这时要注意充分利用分式线性映射的保角性、保圆性、保对称性等

性质.

（3）在下面将介绍**复合映射法**，见例 20 等.

例 17　下列区域在指定映射下映射成什么？

（1）$D:\mathrm{Re}z>0,w=\mathrm{i}(z+1)$；　（2）$D:0<\mathrm{Re}z<\dfrac{1}{2},w=\dfrac{1}{z}$；

（3）$D:x>0,y>0,w=\dfrac{z-\mathrm{i}}{z+\mathrm{i}}$.

解　（1）**第一种解法**　设 $z=x+\mathrm{i}y$，则 $w=\mathrm{i}(x+\mathrm{i}y+1)=-y+\mathrm{i}(x+1)$，故 $u=-y,v=x+1$.

区域 D 的边界曲线 $C:x=0$（y 由 $+\infty\to-\infty$），在此映射下映射成 W 平面上的 $\Gamma:v=1$（u 由 $-\infty\to+\infty$），利用边界绕行可知在此映射下区域 $D:\mathrm{Re}z>0$ 映射成 W 平面上的像域为 $G:v=\mathrm{Im}w>1$（图 6.18）.

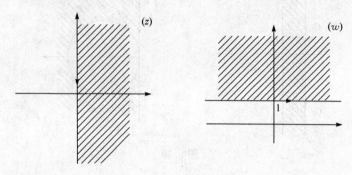

图 6.18

第二种解法　把映射 $w=\mathrm{i}(z+1)$ 分解为：$w_1=z+1,w=\mathrm{i}w_1$.

在映射 $w_1=z+1$ 下，区域 $D:\mathrm{Re}z>0$，映射成 W_1 平面上的区域 $G_1:\mathrm{Re}w_1>1$，即区域 D 向右平移一个单位而得到.

在映射 $w=\mathrm{i}w_1=\mathrm{e}^{\mathrm{i}\cdot\frac{\pi}{2}}w_1$ 下，区域 G_1 映射成 W 平面上的区域 G，G 是由 G_1 依逆时针方向旋转角度 $\dfrac{\pi}{2}$ 而得到的，则区域 G 为 $\mathrm{Im}w>1$.

故在映射 $w=\mathrm{i}(z+1)$ 下区域 $D:\mathrm{Re}z>0$ 映射成区域 $G:\mathrm{Im}w>1$.

（2）设 $z=x+\mathrm{i}y,w=\dfrac{1}{z}=\dfrac{\bar{z}}{z\bar{z}}=\dfrac{x-\mathrm{i}y}{x^2+y^2}$，则

$$u=\frac{x}{x^2+y^2},\quad v=\frac{-y}{x^2+y^2}.$$

区域 D 的边界 $C_1:x=0$（y 由 $0\to-\infty$）映射成 $\Gamma_1:u=0$（v 由 $+\infty\to0$）；

区域 D 的边界 $C_2: x = \dfrac{1}{2}$ 映射成 $\Gamma_2: u = \dfrac{\dfrac{1}{2}}{\dfrac{1}{4} + y^2}, v = \dfrac{-y}{\dfrac{1}{4} + y^2}$，消去 y 得 Γ_2 的方

程为 $(u-1)^2 + v^2 = 1$；

区域 D 的边界 $C_3: x = 0 (y$ 由 $+\infty \rightarrow 0)$ 映射成 $\Gamma_3: u = 0 (v$ 由 $0 \rightarrow -\infty)$.

由边界绕行求出其像域为

$$G: \begin{cases} (u-1)^2 + v^2 > 1, \\ \mathrm{Re}\, w > 0 \end{cases}$$

(图 6.19).

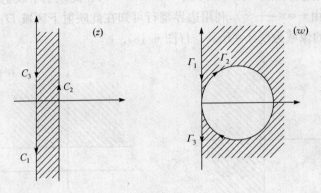

图 6.19

（3）在此映射下，D 的边界 $C_1: y = 0$ 映射成 Γ_1；D 的边界 $C_2: x = 0$ 映射成 Γ_2；区域 D 映射成区域 G.

第一步 求 Γ_1 的方程. 当 $y = 0$ 时，$w = \dfrac{x-\mathrm{i}}{x+\mathrm{i}}$，$|w| = 1$. 点 $z_1 = 0$ 映射成

$w_1 = -1$，故点 z 沿 C_1（正实轴）由 $0 \rightarrow +\infty$，则 $w\left(w = \dfrac{x-\mathrm{i}}{x+\mathrm{i}}\right)$ 沿 Γ_1 由 $-1 \rightarrow 1$.

第二步 求 Γ_2 的方程. 此映射为分式线性映射，Z 平面上在点 $z = 0$ 处 C_1, C_2 的夹角为 $\dfrac{\pi}{2}$，由保角性知 W 平面上在点 $w = -1$ 处 Γ_1, Γ_2 的夹角也为 $\dfrac{\pi}{2}$，故 C_2 映射成 $\Gamma_2: v = 0$. 点 z 沿 C_2（正虚轴）由 $+\infty \rightarrow 0$，则 $w = \dfrac{x + y\mathrm{i} - \mathrm{i}}{x + y\mathrm{i} + \mathrm{i}} \xrightarrow{\text{此时 } x=0} \dfrac{y-1}{y+1}$ 沿 Γ_2 由 $1 \rightarrow -1$.

第三步 求像域 G. 由边界绕行可知所求的像域 G 为单位圆内部的下半部（图 6.20）.

例 18 求出将点 $z_1 = -1, z_2 = 0, z_3 = 1$ 分别映射成 $w_1 = 1, w_2 = \mathrm{i}, w_3 = -1$

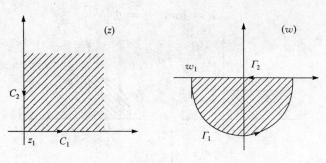

图 6.20

的分式线性映射,并确定上半面在此映射下映射成什么?

解 由三个对应点唯一决定分式线性映射的公式(6.17)得

$$\frac{w-1}{w-\mathrm{i}} : \frac{(-1)-1}{(-1)-\mathrm{i}} = \frac{z-(-1)}{z-0} : \frac{1-(-1)}{1-0},$$

解得

$$w = \frac{z-\mathrm{i}}{\mathrm{i}z-1} = \frac{1}{\mathrm{i}} \cdot \frac{z-\mathrm{i}}{z+\mathrm{i}} = (-\mathrm{i})\frac{z-\mathrm{i}}{z+\mathrm{i}} = \mathrm{e}^{\mathrm{i}\left(-\frac{\pi}{2}\right)}\frac{z-\mathrm{i}}{z+\mathrm{i}}.$$

Z 平面上三个点位在实轴上,据分式线性映射的保圆性可见,W 平面上三个点应位于单位圆 $|w|=1$ 上,又由三个对应点的绕行可见,此映射把上半平面 $\mathrm{Im}z>0$ 映射成单位圆内部 $|w|<1$.事实上利用此映射具有(6.23)的形式,也可得到同样的结果.

例 19 下列区域在指定映射下映射成什么?

(1) $D:0<\mathrm{Im}z<\pi,\mathrm{Re}z<0,w=\mathrm{e}^z$;

(2) $D:|z|<1,0<\arg z<\pi,w=\ln z$.

解 (1)设 $z=x+\mathrm{i}y,w=\rho\mathrm{e}^{\mathrm{i}\varphi}$,则由 $w=\mathrm{e}^z$ 得

$$\mathrm{e}^{x+\mathrm{i}y} = \rho\mathrm{e}^{\mathrm{i}\varphi},$$

由此有

$$\rho = \mathrm{e}^x, \quad \varphi = y.$$

在映射 $w=\mathrm{e}^z$ 下:D 的边界 $C_1:y=0(x$ 由 $-\infty\to 0)$ 映射成 $\Gamma_1:\varphi=0(\rho$ 由 $0\to 1)$;D 的边界 $C_2:x=0(y$ 由 $0\to\pi)$ 映射成 $\Gamma_2:\rho=1(\varphi$ 由 $0\to\pi)$;D 的边界 $C_3:y=\pi(x$ 由 $0\to -\infty)$ 映射成 $\Gamma_3:\varphi=\pi(\rho$ 由 $1\to 0)$.

据边界绕行可知其像域为 $G:|w|<1,\mathrm{Im}w>0$,即单位圆内部的上半部(图 6.21).

(2) 设 $z=r\mathrm{e}^{\mathrm{i}\theta},w=u+\mathrm{i}v$,则由 $w=\ln z$ 即 $z=\mathrm{e}^w$ 得

$$r\mathrm{e}^{\mathrm{i}\theta} = \mathrm{e}^{u+\mathrm{i}v},$$

由此有

$$u = \ln r, \quad v = \theta.$$

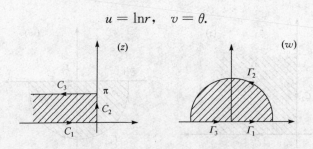

图 6.21

在映射 $w = \ln z$ 下，D 的边界 $C_1 : \theta = \arg z = 0(\,|z| = r$ 由 $0 \to 1)$ 映射成 $\Gamma_1 : v = 0$ $(u$ 由 $-\infty \to 0)$；D 的边界 $C_2 : |z| = 1(\theta$ 由 $0 \to \pi)$ 映射成 $\Gamma_2 : u = 0(v$ 由 $0 \to \pi)$；D 的边界 $C_3 : \theta = \arg z = \pi(r$ 由 $1 \to 0)$ 映射成 $\Gamma_3 : v = \pi(u$ 由 $0 \to -\infty)$.

由边界绕行可知其像域为 $G : u < 0, 0 < v < \pi$，即半带形域（图 6.22）.

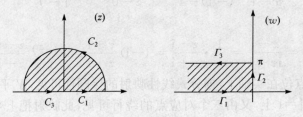

图 6.22

例 20　在映射 $w = \dfrac{z^2 - \mathrm{i}}{z^2 + \mathrm{i}}$ 下，区域 $D : x > 0, y > 0$ 映射成什么？

解　将映射分解为 $w_1 = z^2$，$w = \dfrac{w_1 - \mathrm{i}}{w_1 + \mathrm{i}}$.

在映射 $w_1 = z^2$（设 $z = |z|\,\mathrm{e}^{\mathrm{i}\theta}$，则 $z^2 = |z|^2 \mathrm{e}^{\mathrm{i} \cdot 2\theta}$）下，区域 $D : x > 0, y > 0$ $\left(\text{即 } 0 < \arg z < \dfrac{\pi}{2}\right)$ 映射成区域 $G_1 : \operatorname{Im} w_1 > 0$（即 $0 < \arg w_1 < \pi$）.

在映射 $w = \dfrac{w_1 - \mathrm{i}}{w_1 + \mathrm{i}}$ 下，区域 G_1 映射成区域 $G : |w| < 1$.

故在映射 $w = \dfrac{z^2 - \mathrm{i}}{z^2 + \mathrm{i}}$ 下，区域 $D : x > 0, y > 0$ 映射成区域 $G : |w| < 1$.

问题 2　已知 Z 平面上的区域 D 与 W 平面上的区域 G，求出映射 $w = f(z)$，它把 D 映射成 G.

对于这类问题应用讲述黎曼定理前的有关分析得到解题步骤为：

第一步　细看两头想中间. 即分析区域 D 和区域 G 的特征，想一想中间需要什么过渡性的标准形式的区域 B（下面称标准形式的区域为"跳板"）.

第二步 利用跳板作桥梁. 即分别求出由 D 到 B、由 B 到 G 的映射 $w_1 = \varphi(z), w = \psi(w_1)$.

第三步 映射就在对岸上. 即将 $w_1 = \varphi(z)$ 代入 $w = \psi(w_1)$，经过复合就可求出所作的映射 $w = \psi(\varphi(z)) = f(z)$.

说明 (1) 称上述求映射的方法为**复合法**. 但在有些题目中，可以一步就可以看出所求的映射，如例 15、例 16 等. 称这种一步到位求映射的方法为**直接法**.

(2) 在有些题目中，要多次进行第二步，即所求的映射要经过多次复合而成，见下面例 22.

(3) 这里第二步中所谓"跳板"(即标准形式的区域)，一般是指上半平面、单位圆内部、角形域、带形域等，为此要掌握一些区域到上述标准形式区域的映射. 为了方便应用，列举一些映射如下：

1° 角形域 $D: 0 < \arg z < \dfrac{\pi}{n}$ 到上半平面 $\mathrm{Im}\, w > 0$ 的映射为 $w = z^n$.

2° 横带形域 $D: 0 < \mathrm{Im}\, z < \pi$ 到上半平面 $\mathrm{Im}\, w > 0$ 的映射为 $w = e^z$.

3° ① 两圆弧(相交)所夹区域到角形域的映射为 $w = k\dfrac{z-a}{z-b}$，其中 $z = a, z = b$ 为两圆弧的交点，k 为待定的复常数. 此结果在例 8、例 9、例 22(1) 等处用到. ② 两圆弧(内切)所夹区域到带形域的映射为 $w = \dfrac{z-a}{z-b}$，其中 $z = b$ 为两圆弧的切点. 此结果在例 22(2) 等处用到.

4° 上半平面到上半平面的映射为 $w = \dfrac{az+b}{cz+d}$，其中 a, b, c, d 均为实数，且 $ad - bc > 0$.

5° 上半平面到单位圆内部的映射为 $w = e^{i\theta}\dfrac{z-\alpha}{z-\bar{\alpha}}$，其中 θ 为实数，$\mathrm{Im}\,\alpha > 0$.

6° 单位圆内部到单位圆内部的映射为 $w = e^{i\theta}\dfrac{z-\alpha}{1-\bar{\alpha}z}$，其中 θ 为实数，$|\alpha| < 1$.

7° ① 角形域 $0 < \arg z < \alpha\left(\alpha \leqslant \dfrac{2\pi}{n}\right)$ 到角形域 $0 < \arg w < n\alpha$ 的映射为 $w = z^n$.

② 角形域 $0 < \arg z < n\alpha$ 到角形域 $0 < \arg w < \alpha\left(\alpha \leqslant \dfrac{2\pi}{n}\right)$ 的映射为 $w = z^{\frac{1}{n}}$.

8° ① 横带形域 $0 < \mathrm{Im}\, z < \alpha(\alpha \leqslant 2\pi)$ 到角形域 $0 < \arg w < \alpha$ 的映射为 $w = e^z$.
② 角形域 $0 < \arg z < \alpha(\alpha \leqslant 2\pi)$ 到横带形域 $0 < \mathrm{Im}\, w < \alpha$ 的映射为 $w = \ln z$.

例 21 把下列区域 D 映射成单位圆内部，求出实现各该映射的函数 $w = f(z)$.

(1) $D: 0 < \arg z < \dfrac{\pi}{4}$;　　　(2) $D: 0 < \text{Im} z < \pi$.

解　(1)映射 $\zeta = z^4$ 可将角形域 $D: 0 < \arg z < \dfrac{\pi}{4}$ 映射成上半平面 $\text{Im} \zeta > 0$；映射

$w = \dfrac{\zeta - \mathrm{i}}{\zeta + \mathrm{i}}$ 可将上半平面 $\text{Im} \zeta > 0$ 映射成单位圆内部 $|w| < 1$，故映射 $w = \dfrac{z^4 - \mathrm{i}}{z^4 + \mathrm{i}}$ 可将

D 映射成单位圆内部（图 6.23）.

　　(2)映射 $w_1 = e^z$ 可将横带形域 $D: 0 < \text{Im} z < \pi$ 映射成上半平面 $\text{Im} w_1 > 0$，映射

$w = \dfrac{w_1 - \mathrm{i}}{w_1 + \mathrm{i}}$ 可将上半平面 $\text{Im} w_1 > 0$ 映射成单位圆内部 $|w| < 1$，故映射 $w = \dfrac{e^z - \mathrm{i}}{e^z + \mathrm{i}}$ 可

将横带形域 $0 < \text{Im} z < \pi$ 映射成单位圆内部 $|w| < 1$（图 6.24）.

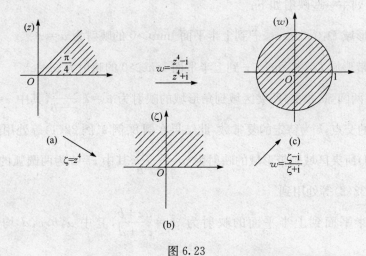

图 6.23

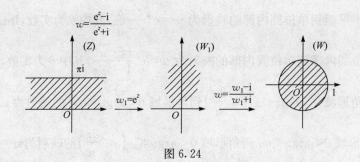

图 6.24

例 22　把下列区域 D 映射成上半平面，求出实现各映射的函数 $w = f(z)$.

(1) $D: |z + 1| < 2, |z - 3| < 2\sqrt{3}$；

(2)$D:|z|<1,\left|z-\dfrac{i}{2}\right|>\dfrac{1}{2}$;

(3)$D:\mathrm{Re}z>0,0<\mathrm{Im}z<a$.

解 (1)求出圆周$|z+1|=2$与圆周$|z-3|=2\sqrt{3}$的交点为：$z_1=-\sqrt{3}i$，$z_2=\sqrt{3}i$. 再求出在点 $z_1=-\sqrt{3}i$ 处两曲线间的夹角，其夹角为$\dfrac{\pi}{2}$.

第一步 作映射 $w_1=\dfrac{z+\sqrt{3}i}{z-\sqrt{3}i}$，则 $w_1(-\sqrt{3}i)=0$，$w_1=(\sqrt{3}i)=\infty$，此映射把区域 D 映射成角形域，由分式线性映射保角性知在 $w_1=0$ 处角形域的张角应为$\dfrac{\pi}{2}$.

由于 $w_1(1)=\dfrac{-1+\sqrt{3}i}{2}$，$\arg w'(1)=\dfrac{2\pi}{3}$，所以 $w_1(1)$ 位于射线 $\theta_1=\arg w'(1)=\dfrac{2\pi}{3}$ 上，在 W_1 平面上角形域的另一边为射线 $\theta_2=\dfrac{2\pi}{3}+\dfrac{\pi}{2}=\dfrac{7\pi}{6}$，故 W_1 平面上的角形域为 $G_1:\dfrac{2\pi}{3}<\arg w_1<\dfrac{7\pi}{6}$.

第二步 作映射 $w_2=\mathrm{e}^{-\frac{2\pi}{3}i}w_1$，把角形域 G_1 映射成角形域 $G_2:0<\arg w_2<\dfrac{\pi}{2}$.

第三步 作映射 $w=w_2^2$，把角形域 G_2 映射成区域 $G:0<\arg w<\pi$.

故映射 $w=w_2^2=(\mathrm{e}^{-\frac{2\pi}{3}i}w_1)^2=\mathrm{e}^{-\frac{4\pi}{3}i}\left(\dfrac{z+\sqrt{3}i}{z-\sqrt{3}i}\right)^2$ 把区域 D 映射成上半平面（图 6.25）.

(2) **第一步** 作映射 $w_1=\dfrac{z}{z-i}$，把 $z=0$，$z=i$，$z=-i$ 分别映射成 $w_1=0$，$w_1=\infty$，$w_1=\dfrac{1}{2}$. 这时两圆内切的切点 $z=i$ 映射成无穷远点，由分式线性映射的保圆性知此映射把区域 D 映射成带形域.

$$w_1=\dfrac{x+\mathrm{i}y}{x+\mathrm{i}y-\mathrm{i}}=\dfrac{(x+\mathrm{i}y)[x-(y-1)\mathrm{i}]}{[x+(y-1)\mathrm{i}][x-(y-1)\mathrm{i}]}=\dfrac{x^2+y(y-1)+\mathrm{i}\cdot x}{x^2+(y-1)^2},$$

$$u_1=\dfrac{x^2+y(y-1)}{x^2+(y-1)^2},\quad v_1=\dfrac{x}{x^2+(y-1)^2},$$

在此映射下，$|z|=1$（即 $x^2+y^2=1$）映射成 $u_1=\dfrac{1}{2}$；$\left|z-\dfrac{i}{2}\right|=\dfrac{1}{2}$

$\left(\text{即 } x^2+\left(y-\dfrac{1}{2}\right)^2=\left(\dfrac{1}{2}\right)^2\Rightarrow x^2+y^2-y=0\right)$ 映射成 $u_1=0$，故映射 $w_1=\dfrac{z}{z-i}$ 把区

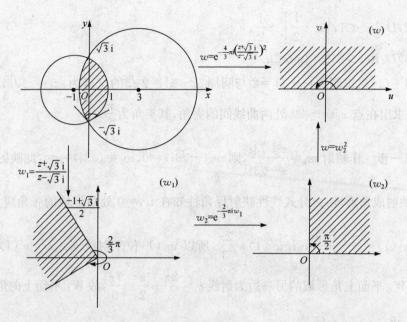

图 6.25

域 D 映射成 $G_1 : 0 < \mathrm{Re}\, w_1 = u_1 < \dfrac{1}{2}$.

第二步　作映射 $w_2 = \mathrm{i} w_1$，把区域 G_1 映射成区域 $G_2 : 0 < \mathrm{Im}\, w_2 < \dfrac{1}{2}$.

第三步　作映射 $w_3 = 2\pi w_2$，把区域 G_2 映射成区域 $G_3 : 0 < \mathrm{Im}\, w_3 < \pi$.

第四步　作映射 $w = \mathrm{e}^{w_3}$，把区域 G_3 映射成上半平面 $\mathrm{Im}\, w > 0$.

故映射 $w = \mathrm{e}^{w_3} = \mathrm{e}^{2\pi w_2} = \mathrm{e}^{2\pi \mathrm{i} w_1} = \mathrm{e}^{2\pi \mathrm{i} \cdot \frac{z}{z - \mathrm{i}}}$ 把区域 D 映射成上半平面（图 6.26）.

(3) **第一步**　作映射 $w_1 = \dfrac{\pi}{a} z$，把区域 D 映射成区域 $G_1 : \mathrm{Re}\, w_1 > 0$，$0 < \mathrm{Im}\, w_1 < \pi$.

第二步　作映射 $w_2 = \mathrm{e}^{w_1}$，把区域 G_1 映射成区域 $G_2 : |w_2| > 1$、$\mathrm{Im}\, w_2 > 0$.

第三步　作映射 $w_3 = \dfrac{1}{w_2}$，把区域 G_2 映射成区域 $G_3 : |w_3| < 1$、$\mathrm{Im}\, w_3 < 0$.

第四步　作映射 $w_4 = -\dfrac{w_3 - 1}{w_3 + 1}$，把区域 G_3 映射成区域 $G_4 : 0 < \arg w_4 < \dfrac{\pi}{2}$.

第五步　作映射 $w = w_4^2$，把区域 G_4 映射成上半平面 $\mathrm{Im}\, w > 0$.

故映射

$$w = w_4^2 = \left(-\frac{w_3-1}{w_3+1}\right)^2 = \left(-\frac{\frac{1}{w_2}-1}{\frac{1}{w_2}+1}\right)^2 = \left(\frac{w_2^{-1}-1}{w_2^{-1}+1}\right)^2$$

$$= \left(\frac{e^{-w_1}-1}{e^{-w_1}+1}\right)^2 = \left(\frac{e^{-\frac{\pi}{a}z}-1}{e^{-\frac{\pi}{a}z}+1}\right)^2$$

把区域 D 映射成上半平面 $\mathrm{Im}\,w > 0$(图 6.27).

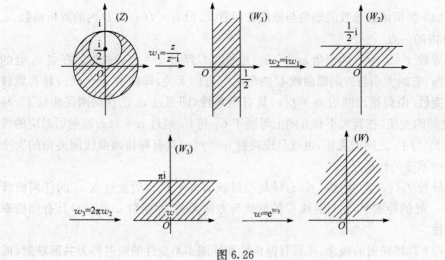

图 6.26

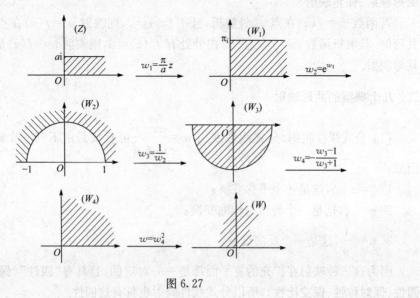

图 6.27

小　　结

本章主要从几何方面去研究解析函数的性质,学习了三个部分:第一部分是有关共形映射的概念;第二部分是有关几个典型的共形映射,着重介绍了分式线性映射;第三部分是有关共形映射中研究的两个问题.

一、共形映射的概念

(1) 解析函数导数的辐角与模的几何意义. 设 $w=f(z)$ 为 D 内的解析函数,z_0 为 D 内的一点.

导数 $f'(z_0)\neq 0$ 的辐角 $\arg f'(z_0)$ 是曲线 C 经过 $w=f(z)$ 映射后在点 z_0 处的旋转角,它的大小与方向跟曲线 C 的形状与方向无关,即映射 $w=f(z)$ 具有**旋转角不变性**. 由此推出映射 $w=f(z)$ 具有**保角性**,即通过 z_0 的任何两条曲线 C_1 与 C_2 之间的夹角,在其大小和方向上等同于 C_1 与 C_2 经过 $w=f(z)$ 映射后对应的像曲线 Γ_1 与 Γ_2 之间的夹角,也就是说映射 $w=f(z)$ 具有保持两曲线间夹角的大小与方向不变的性质.

导数 $f'(z_0)\neq 0$ 的模 $|f'(z_0)|$ 是经过映射 $w=f(z)$ 后通过点 z_0 的任何曲线 C 在 z_0 处的伸缩率,它与曲线 C 的形状与方向无关,即映射 $w=f(z)$ 具有**伸缩率不变性**.

(2) 共形映射的概念. 凡具有保角性和伸缩率不变性的映射称为**共形映射**(或**保形映射、保角映射**).

若函数 $w=f(z)$ 在点 z_0 处解析,且 $f'(z_0)\neq 0$,则映射 $w=f(z)$ 在点 z_0 处是共形的. 若解析函数 $w=f(z)$ 在 D 内处处有 $f'(z)\neq 0$,则映射 $w=f(z)$ 是 D 内的共形映射.

二、几个典型的共形映射

(1) 分式线性映射. 分式线性映射 $w=\dfrac{az+b}{cz+d}$ 可看成是由下列三个映射复合而成:

1° $\zeta=z+b$,这是一个平移变换;

2° $\eta=a\zeta$,这是一个旋转与伸缩变换;

3° $w=\dfrac{1}{\eta}$,这是一个反演变换.

因为这三种映射在扩充的复平面都是一一对应的,且具有"四性"(**保角性、保圆性、保对称性、保交比性**),所以分式线性映射也具有这四性.

除上述"四性"外,分式线性映射还有可用三个相异对应点唯一决定的性质,设三个相异点为 z_1, z_2, z_3,对应的三个相异点为 w_1, w_2, w_3,则唯一确定一个分式线性映射

$$\frac{w-w_1}{w-w_2} : \frac{w_3-w_1}{w_3-w_2} = \frac{z-z_1}{z-z_2} : \frac{z_3-z_1}{z_3-z_2}.$$

分式线性映射并有将保圆性加以引伸的几个性质,见推论 6.2.3.

在前面介绍了三个典型的且常用的分式线性映射:

1° 上半平面到上半平面的映射;

2° 上半平面到单位圆内部的映射;

3° 单位圆内部到单位圆内部的映射.

分式线性映射是共形映射中一个很重要的映射,我们必须对它所具有的各种性质要彻底弄懂、弄清、弄明白,要熟练掌握并会灵活加以应用.

(2) 幂函数 $w=z^n$(n 为正整数)所构成的映射. 这一映射的特征是:把以原点为顶点的角形域映射成以原点为顶点的角形域,映射后张角的大小放大为原来的 n 倍.

(3) 根式函数 $w=z^{\frac{1}{n}}$(n 为正整数)所构成的映射. 这一映射的特征是:把以原点为顶点的角形域映射成以原点为顶点的角形域,映射后张角的大小为原来的 $\frac{1}{n}$.

(4) 指数函数 $w=e^z$ 所构成的映射. 这一映射的特征是:把横带形域 $0<\text{Im}z<\alpha(\alpha\leqslant 2\pi)$ 映射成角形域 $0<\arg w<\alpha$.

(5) 对数函数 $w=\ln z$ 所构成的映射. 这一映射的特征是:把角形域 $0<\arg z<\alpha(\alpha\leqslant 2\pi)$ 映射成横带形域 $0<\text{Im}w<\alpha$.

三、共形映射中研究的两个问题

(1) **问题 1**. 已知映射 $w=f(z)$,Z 平面上区域 D,求在此映射下 W 平面上的像域.

这里介绍了三个方法.

方法一　边界绕行法. 在本章例 17、例 18、例 19 等处用到,其解题步骤为:利用区域找边界;根据映射求其像;边界绕行定像域.

方法二　分式线性映射法. 在课文中例 8、例 9 等处用到. 此法除充分利用分式线性映射的四性(保角性、保圆性、保对称性、保交比性)外,还利用将保圆性等引伸后的几个性质(见推论 6.2.3).

方法三　复合法. 在本章例 20 等处用到. 此法就是利用复合函数的分解,将分解后的每一步映射综合起来加以考虑.

(2) **问题 2**. 已知 Z 平面上区域 D 与 W 平面上区域 G,求作映射 $w=f(z)$,它

把区域 D 映射成 G.

这里介绍了两种方法.

方法一　直接法. 在本章例 15、例 16 等处用到. 此法直接利用上述几个典型的共形映射, 一步到位就可求出其映射.

方法二　复合法. 在本章例 21、例 22 等处用到, 其解题步骤为: 细看两头想中间; 利用跳板作桥梁; 映射就在对岸上.

这里的"跳板"(即标准形式的区域)一般是指上半平面、单位圆内部、角形域、带形域等. 若题目仅要求映射成上半平面或单位圆内部, 其"跳板"就是角形域、带形域等. 为方便应用, 在课文中列举了若干个共形映射, 然后将这些映射联合起来使用(如复合等), 就可以求出映射 $w = f(z)$.

习　　题

1. 求下列解析函数在指定点处的旋转角和伸缩率.

(1) $w = z^3$ 在 $z_1 = -\dfrac{1}{4}$ 和 $z_2 = \sqrt{3} - \mathrm{i}$ 处;

(2) $w = (1 + \sqrt{3}\mathrm{i})z + 2 - \mathrm{i}$ 在 $z_1 = 1$ 和 $z_2 = -3 + 2\mathrm{i}$ 处;

(3) $w = \mathrm{e}^z$ 在 $z_1 = \dfrac{\pi}{2}\mathrm{i}$ 和 $z_2 = 2 - \pi\mathrm{i}$ 处.

2. 设映射由下列函数所构成, 阐明在 Z 平面上哪一部分被放大了, 哪一部分被缩小了.

(1) $w = z^2 + 2z$;　　　(2) $w = \mathrm{e}^{z+1}$.

3. 求 $w = z^2$ 在点 $z = \mathrm{i}$ 处的伸缩率和旋转角. 问 $w = z^2$ 将经过点 $z = \mathrm{i}$ 且平行于实轴正向曲线的切线方向映射成 W 平面上哪一个方向?

4. 下列映射在 Z 平面上每一点都具有旋转角和伸缩率的不变性吗?

(1) $w = z^2$;　　　　(2) $w = \dfrac{1}{3}z^3 + z$.

5. 试决定满足下列要求的分式线性映射 $w = f(z)$.

(1) $z_1 = 2, z_2 = \mathrm{i}, z_3 = -2$ 分别映射成 $w_1 = -1, w_2 = \mathrm{i}, w_3 = 1$;

(2) $z_1 = \infty, z_2 = \mathrm{i}, z_3 = 0$ 分别映射成 $w_1 = 0, w_2 = \mathrm{i}, w_3 = \infty$;

(3) $z_1 = \infty, z_2 = 0, z_3 = 1$ 分别映射成 $w_1 = 0, w_2 = 1, w_3 = \infty$;

(4) $z_1 = 1, z_2 = \mathrm{i}, z_3 = -1$ 分别映射成 $w_1 = \infty, w_2 = -1, w_3 = 0$.

6. 试证: 对任何一个分式线性映射 $w = \dfrac{az + b}{cz + d}$ 都可以认为 $ad - bc = 1$.

7. 设 $w = \mathrm{e}^{\mathrm{i}\varphi} \dfrac{z - \alpha}{1 - \bar{\alpha} z}$, 试证 $\varphi = \arg w'(\alpha)$.

8. 求把上半平面 $\mathrm{Im} z > 0$ 映射成单位圆内部 $|w| < 1$ 的分式线性映射 $w = f(z)$, 并满足条件:

(1) $f(\mathrm{i}) = 0, f(-1) = 1$;　　　　　　(2) $f(\mathrm{i}) = 0, \arg f'(\mathrm{i}) = 0$;

(3) $f(a+bi)=0,\arg f'(a+bi)=\varphi(b>0)$；　　(4) $f(1)=1,f(i)=\dfrac{1}{\sqrt{5}}$.

9. 求把 $|z|<1$ 映射成 $|w|<1$ 的分式线性映射 $w=f(z)$，并满足条件：

(1) $f\left(\dfrac{1}{2}\right)=0,f(-1)=1$；　　　　　　　(2) $f\left(\dfrac{1}{2}\right)=0,\arg f'\left(\dfrac{1}{2}\right)=0$；

(3) $f\left(\dfrac{i}{2}\right)=0,\arg f'\left(\dfrac{i}{2}\right)=-\dfrac{\pi}{2}$；　　　(4) $f(a)=a,\arg f'(a)=\varphi$.

10. 求把 $\mathrm{Im}z>0$ 映射成 $\mathrm{Im}w>0$ 的分式线性映射 $w=f(z)$，并满足条件：

(1) $f(0)=1,f(i)=2i$；　　　　　　　　　(2) $f(0)=1,f(1)=2,f(2)=\infty$；

(3) $f(r)=s,\arg f'(r)=\varphi$(提示：通过中间平面 W_1，将两个上半平面都映射成 $|w_1|<1$).

11. 求证：映射 $w=z+\dfrac{1}{z}$ 把圆周 $|z|=c$ 映射成椭圆

$$u=\left(c+\dfrac{1}{c}\right)\cos\theta,\quad v=\left(c-\dfrac{1}{c}\right)\sin\theta.$$

12. 求证：在映射 $w=e^{iz}$ 下，互相正交的直线族 $\mathrm{Re}z=c_1$ 与 $\mathrm{Im}z=c_2$ 依次映射成互相正交的直线族 $v=u\tan c_1$ 与圆族 $u^2+v^2=e^{-2c_2}$.

13. 把点 $z_1=1,z_2=i,z_3=-i$ 分别映射成点 $w_1=1,w_2=0,w_3=-1$ 的分式线性映射将单位圆内部 $|z|<1$ 映射成什么？并求出这个映射.

14. 下列区域在指定映射下映射成什么？

(1) $D:\mathrm{Im}z>0,w=(1+i)z$；　　　　　(2) $D:0<\mathrm{Im}z<\dfrac{1}{2},w=\dfrac{1}{z}$；

(3) $D:\mathrm{Re}z>0,0<\mathrm{Im}z<1,w=\dfrac{i}{z}$；　(4) $D:|z|<1,\mathrm{Im}z<0,w=\dfrac{z+1}{1-z}$.

15. 下列区域在指定映射下映射成什么？

(1) $D:2<|z|<3,0<\arg z<\dfrac{\pi}{3},w=z^3$；　(2) $D:-\infty<x<0,0<y<\pi,w=e^z$；

(3) $D:|z|>1,0<\arg z<\pi,w=\ln z$.

16. 下列区域在指定映射下映射成什么？

(1) $D:0<\mathrm{Im}z<\pi,w=\dfrac{e^z-i}{e^z+i}$；　　　(2) $D:\mathrm{Im}z>0,|z|<1,w=\dfrac{2z^2-1}{2-z^2}$；

(3) $D:0<\mathrm{Im}z<2\pi,w=\dfrac{\sqrt{e^z}-(1+i)}{\sqrt{e^z}-(1-i)}$.

17. 把下列区域 D 映射成单位圆内部 $|w|<1$，求出实现各该映射的函数 $w=f(z)$.

(1) $D:\mathrm{Re}z>0$；　　(2) $D:0<\mathrm{Im}z<\dfrac{\pi}{2}$；　　(3) $D:|z|<R$.

18. 把下列各图中阴影部分所示的区域映射成上半平面 $\mathrm{Im}w>0$，求出实现各该映射的函数 $w=f(z)$.

(1)

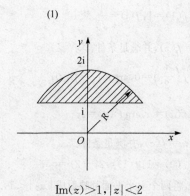

$\operatorname{Im}(z) > 1, |z| < 2$

(2)

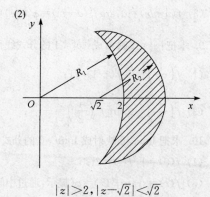

$|z| > 2, |z - \sqrt{2}| < \sqrt{2}$

(3)

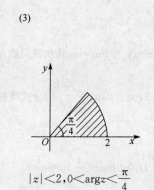

$|z| < 2, 0 < \arg z < \dfrac{\pi}{4}$

(4)

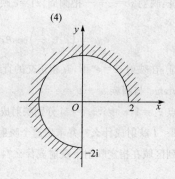

$|z| > 2, 0 < \arg z < \dfrac{3\pi}{2}$

(5)

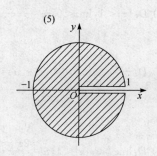

单位圆的内部,且沿由 0 到 1 的
半径有割痕的域

(6)

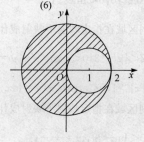

$|z| < 2, |z - 1| > 1$

习题答案与提示

第 1 章

1. (1) $\text{Re}(z)=-3, \text{Im}(z)=3\sqrt{3}, |z|=6, \arg z=\dfrac{2\pi}{3}, \bar{z}=-3-3\sqrt{3}\text{i}$;

(2) $\text{Re}(z)=0, \text{Im}(z)=-1, |z|=1, \arg z=\dfrac{-\pi}{2}, \bar{z}=\text{i}$;

(3) $\text{Re}(z)=\dfrac{6}{25}, \text{Im}(z)=\dfrac{-12}{25}, |z|=\dfrac{6\sqrt{5}}{25}, \arg z=-\arctan 2, \bar{z}=\dfrac{6+12\text{i}}{25}$;

(4) $\text{Re}(z)=1, \text{Im}(z)=5, |z|=\sqrt{26}, \arg z=\arctan 5, \bar{z}=1-5\text{i}$;

(5) $\text{Re}(z)=-2^{51}, \text{Im}(z)=0, |z|=2^{51}, \arg z=\pi, \bar{z}=-2^{51}$;

(6) $\text{Re}(z)=\dfrac{1}{2}, \text{Im}(z)=-\dfrac{\sqrt{3}}{2}, |z|=1, \arg z=-\dfrac{\pi}{3}, \bar{z}=\dfrac{1}{2}+\dfrac{\sqrt{3}}{2}\text{i}$.

2. (1) $2\left(\cos\dfrac{\pi}{2}+\text{i}\sin\dfrac{\pi}{2}\right)=2\text{e}^{\text{i}\frac{\pi}{2}}$;

(2) $3(\cos\pi+\text{i}\sin\pi)=3\text{e}^{\text{i}\pi}$;

(3) $\sqrt{65}[\cos(\pi-\arctan 8)+\text{i}\sin(\pi-\arctan 8)]=\sqrt{65}\text{e}^{\text{i}(\pi-\arctan 8)}$;

(4) $\cos 19\theta+\text{i}\sin 19\theta=\text{e}^{\text{i}\cdot 19\theta}$;

(5) $\sqrt{2}\left[\cos\left(-\dfrac{\pi}{4}\right)+\text{i}\sin\left(-\dfrac{\pi}{4}\right)\right]=\sqrt{2}\text{e}^{-\frac{\pi}{4}\text{i}}$;

(6) $2\sin\dfrac{\varphi}{2}\left[\cos\left(\dfrac{\pi}{2}-\dfrac{\varphi}{2}\right)+\text{i}\sin\left(\dfrac{\pi}{2}-\dfrac{\varphi}{2}\right)\right]=2\sin\dfrac{\varphi}{2}\text{e}^{\text{i}\left(\frac{\pi}{2}-\frac{\varphi}{2}\right)}$.

3. (1) -8i; (2) 3^6; (3) $2, 1+\sqrt{3}\text{i}, -1+\sqrt{3}\text{i}, -2, -1-\sqrt{3}\text{i}, 1-\sqrt{3}\text{i}$;

(4) $\sqrt[6]{2}\left(\cos\dfrac{\pi}{12}-\text{i}\sin\dfrac{\pi}{12}\right), \sqrt[6]{2}\left(\cos\dfrac{7\pi}{12}+\text{i}\sin\dfrac{7\pi}{12}\right), \sqrt[6]{2}\left(\cos\dfrac{5\pi}{4}+\text{i}\sin\dfrac{5\pi}{4}\right)$.

4. $z_1=1-\text{i}, z_2=\text{i}$.

5. $\sin 6\varphi=6\cos^5\varphi\cdot\sin\varphi-20\cos^3\varphi\cdot\sin^3\varphi+6\cos\varphi\cdot\sin^5\varphi$,

$\cos 6\varphi=\cos^6\varphi-15\cos^4\varphi\cdot\sin^2\varphi+15\cos^2\varphi\cdot\sin^4\varphi-\sin^6\varphi$.

6. 模增加到原来的二倍,辐角减小 $\dfrac{\pi}{2}$.

7. $n=4k (k=0,\pm1,\pm2,\cdots)$.

8. 提示:利用复数乘积的辐角等于复数辐角之和.

(1) 设 $z_1=3+\text{i}, z_2=5+\text{i}, z_3=7+\text{i}, z_4=8+\text{i}$;

(2) 设 $z_1=3+\text{i}, z_2=7+\text{i}, z_3=31+7\text{i}, z_4=10+\text{i}$.

9. 提示:利用 $w^n-1=(w-1)(w^{n-1}+w^{n-2}+\cdots+w+1)$.

10. $-2,1+i\sqrt{3},1-i\sqrt{3}$.

11. 提示:设 $f(z)=a_0z^n+a_1z^{n-1}+\cdots+a_{n-1}z+a_n$,利用 $\overline{f(a+ib)}=f(\overline{a+ib})$.

12. 提示:利用复数加法与减法的几何意义.

13. 提示:利用 $2|x||y|\leqslant x^2+y^2$.

14. 提示:利用 $|z^n+a|\leqslant|z^n|+|a|$.

15. (1) 位于点 z_1 与点 z_2 连线的中点处.

(2) 位于三角形 $z_1z_2z_3$ 的重心处.

16. 提示:此题证法有多种.

17. 利用等比性质 $\dfrac{a}{b}=\dfrac{c}{d}=\dfrac{a+c}{b+d}$.

18. 提示:利用 $z\bar{z}=|z|^2$.

19. (1) $x=t,y=t$,即 $y=x$;

(2) $|z-z_0|=r$,即 $(x-x_0)^2+(y-y_0)^2=r^2$ (设 $z=x+iy,z_0=x_0+iy_0$);

(3) $x=t,y=\dfrac{1}{t}$,即 $xy=1$;

(4) $x=t^2,y=\dfrac{1}{t^2}$,即 $xy=1$ $(x>0,y>0)$;

(5) $x=a\mathrm{ch}t,y=b\mathrm{sh}t$,即 $\dfrac{x^2}{a^2}-\dfrac{y^2}{b^2}=1$;

(6) $x=a\cos t+b\cos t,y=a\sin t-b\sin t$,即 $\dfrac{x^2}{(a+b)^2}+\dfrac{y^2}{(a-b)^2}=1$.

20.(1) 直线 $x=-3$;(2) 直线 $y=3$;(3) 直线 $y=0$;(4) 椭圆 $\dfrac{(x+2)^2}{2^2}+\dfrac{y^2}{(\sqrt{3})^2}=1$;(5) $y=x+1(x>0)$;(6) 以 $z=-2i$ 为圆心,以 1 为半径的圆周及其外部;(7) 不包含 x 轴的上半平面;(8) 除去 $z=2$ 外的半平面 $x\leqslant\dfrac{5}{2}$.

21. (1) $0<x<1$,无界、开的单连通区域;

(2) 以点$(0,2)$为圆心,以 $\dfrac{1}{2}$ 与 4 为半径的圆周所围成的圆环内部区域,包括内、外圆周在内,它是一个有界、闭的复连通区域;

(3) 以点 $z=i$ 为顶点、两边分别与正实轴成角度为 $\dfrac{\pi}{4}$ 与 $\dfrac{3\pi}{4}$ 的角形域内部,它是无界、开的单连通区域;

(4) 以射线 $\theta=-1$ 与 $\theta=-1+\pi$ 为边构成的角形域,不包括两射线在内,它是无界、开的单连通区域;

(5) 以点 $z=-\dfrac{17}{15}$ 为圆心,以 $\dfrac{8}{\sqrt{15}}$ 为半径的圆周及其外部,它是无界、并的复连通区域;

(6) 椭圆 $\dfrac{x^2}{9}+\dfrac{y^2}{5}=1$ 及其外部,它是无界、闭的复连通区域;

(7) 双曲线 $x^2 - \dfrac{1}{5} y^2 = 1$ 的左边分支的内部区域(包括焦点 $z = -2$ 在内的那部分),它是无界、开的单连通区域;

(8) 抛物线 $y^2 = -2x + 1$ 开口向左的内部区域($y^2 < -2x + 1$),它是无界、开的单连通区域;

(9) 单位圆 $|z| = 1$ 及其内部区域(即 $|z| \leqslant 1$),它是有界、闭的单连通区域.

(10) 以 $z = a$ 为圆心,以 b 为半径的圆的内部区域(即 $|z - a| < b$),它是有界、开的单连通区域.

22. (1) 点 $z_1 = \sqrt{2}\mathrm{i}$,点 $z_2 = 1 + \mathrm{i}$,点 $z_3 = \sqrt{3} + \mathrm{i}$ 的像分别为 $w_1 = -2$,$w_2 = 2\mathrm{i}$,$w_3 = 2 + 2\sqrt{3}\mathrm{i}$;

(2) 区域 $0 < \arg z < \dfrac{\pi}{4}$ 的像域为 $0 < \arg w < \dfrac{\pi}{2}$.

23. (1) $x^2 + y^2 = 16$ 映射成曲线 $u^2 + v^2 = \dfrac{1}{16}$;

(2) $y = 1$ 映射成曲线 $u^2 + \left(v + \dfrac{1}{2}\right)^2 = \dfrac{1}{4}$;

(3) $y = 2x$ 映射成曲线 $u = -\dfrac{v}{2}$;

(4) $x^2 + y^2 = 2x$ 映射成曲线 $u = \dfrac{1}{2}$.

24. (1) 提示:化 $f(z) = \dfrac{z^2 - \bar{z}^2}{z \bar{z}}$ 为 $f(z) = \dfrac{4xy}{x^2 + y^2} \mathrm{i}$(令 $z = x + \mathrm{i}y$),利用 $\lim\limits_{\substack{x \to 0 \\ y \to 0}} \dfrac{xy}{x^2 + y^2}$ 不存在;

(2) 提示:利用 $\lim\limits_{\substack{x \to 0 \\ y \to 0}} \dfrac{x}{\sqrt{x^2 + y^2}}$ 或 $\lim\limits_{\substack{x \to 0 \\ y \to 0}} \dfrac{y}{\sqrt{x^2 + y^2}}$ 不存在.

25. (1) $w = z^3$ 定义域为整个 Z 平面,函数在 Z 平面上连续;

(2) $w = |z|$ 定义域为整个 Z 平面,函数在 Z 平面上连续;

(3) $w = \dfrac{2z - 1}{z - 2}$ 定义域为除点 $z = 2$ 外的 Z 平面,在 Z 平面上除点 $z = 2$ 外函数为连续;

(4) $w = \dfrac{z^2 + 1}{(z + 2)^2 + 1}$ 定义域为除点 $z = -2 \pm \mathrm{i}$ 外的 Z 平面,在 Z 平面上除点 $z = -2 \pm \mathrm{i}$ 外函数为连续.

26. $w_1 = \arg z$ 在原点和负实轴上的点不连续,$w_2 = \dfrac{z^2 + 1}{z}$ 在原点处不连续,$w = w_1 + w_2$ 在原点和负实轴上的点不连续.

27. 提示:利用函数在点 $z = z_0$ 处连续的 $\varepsilon \delta$ 定义去证,可取 $\varepsilon = \dfrac{1}{2} |f(z_0)|$.

28. 提示:利用函数在点 $z = z_0$ 处连续的 $\varepsilon \delta$ 定义去证,还要利用不等式 $||f(z)| - |f(z_0)|| \leqslant |f(z) - f(z_0)|$.

第 2 章

1. (1) $f'(z) = 2z$;　　(2) $f'(z) = -\dfrac{1}{z^2}$.

2. (1) 用导数定义及 $\text{Re}(z+\Delta z)=\text{Re}z+\text{Re}\Delta z$,当 $z=0$ 时,$f(z)=z\text{Re}z$ 可导,但当 $z\neq0$时,若沿 x 轴方向 $\Delta z\to0$,则 $\lim\limits_{\Delta z\to0}\dfrac{f(z+\Delta z)-f(z)}{\Delta z}=x+z$,若沿 y 轴方向 $\Delta z\to0$,则 $\lim\limits_{\Delta z\to0}\dfrac{f(z+\Delta z)-f(z)}{\Delta z}=x$. 所以 $f(z)$ 仅在 $z=0$ 处可导,在 $z\neq0$ 的点都不可导;

(2) $f(z)=z^3$ 在复平面内处处可导.

3. 见本章例 5.

4. (1) $f'(z)=-3(z+3)^2$,在复平面内解析,无奇点;

(2) $f'(z)=9z^2+6iz+3i^2$,在复平面内解析,无奇点;

(3) $f'(z)=\dfrac{-3z^2}{(z^3+1)^2}$ 在复平面内除 $z=-1$,$z=\dfrac{1\pm\sqrt{3}i}{2}$外解析,$z=-1$,$z=\dfrac{1\pm\sqrt{3}i}{2}$为奇点;

(4) $f(z)=x^2-y+ixy,u=x^2-y,v=xy,f(z)$仅在点$(0,1)$处可导,在复平面内处处不解析.

5. (1) $f'(z)=-1-4z$,在复平面内解析;

(2) 在 $y=\dfrac{2}{5}x$ 上可导,在复平面内处处不解析;

(3) $f(z)=\sin(x+iy)=\sin z,f'(z)=\cos z$,在复平面内处处解析.

6. $f(z)$不可导,因不满足 C-R 条件.

7. (1) 用 C-R 条件,证得 u'_x、u'_y、v'_x、v'_y均为零;

(2) 类似于(1)的方法;

(3) $\arg f(z)=C$(常数),故 $\dfrac{v}{u}=\tan C=K$,即 $v=Ku(K$ 为常数),利用 C-R 条件,证得四个偏导数为 0;

(4) 类似于(1)的方法;

(5) 类似于(1)的方法.

8. $a=2,b=-1,c=-1,d=2$.

9. (1) 将 $|f(z)|=\sqrt{u^2+v^2}$ 分别对 x,y 求一阶偏导数,然后求平方和;

(2) 将 $|f(z)|=\sqrt{u^2+v^2}$ 分别对 x,y 求二阶偏导数,然后求平方和.

10. 由 $x=r\cos\theta,y=r\sin\theta$ 得 u,v 是 r,θ 的复合函数,按复合函数求偏导数,再用 C-R 条件.

11. 令 $z=x+iy$,用恒等式,将各函数表示为实部和虚部形式,再用 C-R 条件.

12. (1) 见第 5(3)题;(2) 用 $\sin\left(\dfrac{\pi}{2}-z\right)=\dfrac{e^{i\left(\frac{\pi}{2}-z\right)}-e^{-i\left(\frac{\pi}{2}-z\right)}}{2i}$ 即可证得;(3) 从右向左证明.

13. (1) $-i$;(2) $e^3(\cos1+i\sin1)$;(3) $\sin1\text{ch}1+i\cos1\text{sh}1$;(4) $e^{+i\ln3}\cdot e^{-2k\pi}(k=0,\pm1,\cdots)$;

(5) $e^{i\ln\sqrt{2}}\cdot e^{-\left(2k\pi+\frac{\pi}{4}\right)}(k=0,\pm1,\cdots)$;(6) $\ln5+i\arctan\dfrac{4}{3}$;(7) $\ln5-i\arctan\dfrac{4}{3}+i(2k+1)\pi(k=0,\pm1,\cdots)$;(8) $\text{ch}1$.

14. (1) $z=\ln2+i\left(\dfrac{\pi}{3}+2k\pi\right)(k=0,\pm1,\cdots)$;(2) $z=i\left(\dfrac{\pi}{2}+k\pi\right)(k=0,\pm1,\cdots)$;

(3) $z=k\pi(k=0,\pm1,\cdots)$；(4) $z=k\pi-\dfrac{\pi}{4}(k=0,\pm1,\cdots)$.

15. 用 $\mathrm{ch}z$、$\mathrm{sh}z$、$\mathrm{ch}2z$、$\mathrm{sh}(z_1+z_2)$ 的定义.

16. 用 $\omega=\mathrm{sh}z$ 的反函数 $z=\mathrm{sh}\omega$ 即可证得.

17. 用调和函数去证明，u,v 不满足 C-R 条件.

18. (1) $f(z)=(x^2-y^2+xy)+\mathrm{i}\left(2xy-\dfrac{x^2}{2}+\dfrac{y^2}{2}\right)+\mathrm{i}C=\dfrac{z^2}{2}(2-\mathrm{i})+\mathrm{i}C$；

(2) $f(z)=2xy-2y+\mathrm{i}(y^2+2x-x^2+1)=-\mathrm{i}(z-1)^2+2\mathrm{i}$；

(3) $f(z)=\mathrm{e}^x(x\cos y-y\sin y)+\mathrm{i}\mathrm{e}^x(x\sin y+y\cos y)=z\mathrm{e}^z$；

(4) $f(z)=\mathrm{i}(z^2+1)$.

19. $p=1,f(z)=\mathrm{e}^z+C$；$P=-1,f(z)=-\mathrm{e}^{-z}+C$.

20. 当 $a+c=0,b$ 为任意实数时，v 为调和函数. 其 $f(z)=(a\mathrm{i}+b)z^2+K(K$ 为任意实数)，$u=bx^2+2cxy-by^2+K(K$ 为任意实数).

第 3 章

1. (1) $-\dfrac{1}{3}+\dfrac{i}{3}$；(2) $-\dfrac{1}{2}+\dfrac{5}{6}i$；(3) $-\dfrac{1}{2}-\dfrac{i}{6}$.

2. $-\dfrac{1}{6}+\dfrac{5}{6}i$；$-\dfrac{1}{6}+\dfrac{5}{6}i$.

3. (1) $\dfrac{10}{3}$；(2) -2π.

4. 令 $z=\mathrm{e}^{\mathrm{i}\theta}(0\leqslant\theta\leqslant2\pi)$，化原积分为以 θ 为参数的积分，或利用本章例 3 的结果.

5. (1) $4\pi\mathrm{i}$；(2) $8\pi\mathrm{i}$.

6. (1) 0；(2) 0；(3) 0；(4) $2\pi\mathrm{i}$.

7. (1) 利用参数方程 $x=0,y=t(-1\leqslant t\leqslant1)$ 直接计算；

(2) 利用参数方程 $x=\cos t,y=\sin t\left(-\dfrac{\pi}{2}\leqslant t\leqslant\dfrac{\pi}{2}\right)$ 直接计算.

8. (1) $4\pi\mathrm{i}$(用柯西积分公式)；(2) $6\pi\mathrm{i}$(用高阶导数公式)；

(3) $-8\pi\mathrm{i}$(用柯西积分公式)；(4) $4\pi\mathrm{i}$(用复合闭路定理)；

(5) $\dfrac{\pi\mathrm{i}}{3\mathrm{e}^2}$(用高阶导数公式)；(6) 0(用高阶导数公式)；

(7) 0(用柯西定理)；(8) $\dfrac{2\pi\mathrm{i}(2n)!}{(n+1)!\ (n-1)!}(-1)^{n+1}$(用高阶导数公式).

9. (1) 0；(2) $-\dfrac{i}{3}$；(3) $2\mathrm{ch}1$；(4) $\mathrm{e}(-\sin1+\mathrm{i}\cos1)$.

10. (1) 0(用柯西定理)；(2) $\dfrac{\pi\mathrm{i}}{8}\mathrm{e}^3$(用柯西积分公式)；(3) $-\dfrac{5\pi\mathrm{i}}{8\mathrm{e}}$(用高阶导数公式)；

(4) $\dfrac{\pi\mathrm{i}}{8}\left(\mathrm{e}^3-\dfrac{5}{\mathrm{e}}\right)$(用复合闭路定理)；(5) $\dfrac{\pi}{8}\mathrm{e}^3\mathrm{i}$(同(2))；(6) 同(4).

11. (1) 1(用柯西积分公式)；(2) $-\dfrac{\mathrm{e}}{2}$(用高阶导数公式)；(3) $1-\dfrac{\mathrm{e}}{2}$(用复合闭路定理).

12. 令 $F(z)=f(z)-g(z)$，用柯西积分公式.

第 4 章

1. (1) 收敛,极限为 0;(2) 收敛,极限为 0;(3) 发散;(4) 收敛,极限为 0;(5) 收敛,极限为 0;(6) 收敛,极限为 0.

2. (1) 发散;(2) 绝对收敛;(3) 发散;(4) 原级数收敛,但不是绝对收敛.

3. 根据等比级数证明.

4. (1) e;(2) e;(3) $+\infty$;(4) 2;(5) 0;(6) e^{-1}.

5. 用反证法.

6. 用比值法求收敛半径.

7. (1) $\sum_{n=0}^{\infty} (-1)^n z^{3n}, R=1$; (2) $\sum_{n=1}^{\infty} (-1)n z^{n-1}, R=1$;

(3) $\sum_{n=0}^{\infty} (-1)^n \dfrac{z^{4n}}{(2n)!}, R=+\infty$; (4) $\dfrac{1}{2}+\sum_{n=0}^{\infty} (-1)^n \dfrac{2^{2n-1}}{(2n)!} z^{2n}, R=+\infty$;

(5) $\sum_{n=0}^{\infty} \dfrac{z^{2n+1}}{(2n+1)!}, R=+\infty$; (6) $\sum_{n=0}^{\infty} \dfrac{1}{n!} z^{2n}, R=+\infty$.

8. (1) $\sum_{n=1}^{\infty} \dfrac{(-1)^{n-1}}{2^n} (z-1)^n, R=2$;(2) $\sum_{n=0}^{\infty} \dfrac{(-1)^n}{3^{n+1}} (z-2)^{n-1}, R=3$;

(3) $\dfrac{1}{2}-\sum_{n=1}^{\infty} \dfrac{(-1)^n}{2^{2n+1}} (z-2)^n, R=4$;(4) $\sum_{n=0}^{\infty} \dfrac{3^n}{(1-3\mathrm{i})^{n+1}} \left[z-(1+\mathrm{i})\right]^n, R=\dfrac{\sqrt{10}}{3}$;

(5) $\sum_{n=0}^{\infty} \dfrac{(-1)^{n+1}}{(2n+1)!} (z-\pi)^{2n+1}, R=+\infty$;(6) $\sum_{n=0}^{\infty} nz^{n-1}, R=1$;

(7) $\sum_{n=1}^{\infty} (-1)^{n-1} \dfrac{2^{2n-1}}{(2n)!} z^{2n}, R=+\infty$;(8) $\dfrac{1}{7} \sum_{n=0}^{\infty} \left[\dfrac{5(-1)^n}{2^{n+1}} + 3^n\right] z^n, R=\dfrac{1}{3}$.

9. 不成立,因这两个级数收敛范围不同.

10. (1) $-\sum_{n=1}^{\infty} \dfrac{1}{z^n}+\sum_{n=0}^{\infty} \dfrac{1}{2^{n+1}} z^n, \sum_{n=0}^{\infty} (-1)^n \dfrac{1}{(z-2)^{n+2}}$;

(2) $\sum_{n=1}^{\infty} nz^{n-1}, \sum_{n=0}^{\infty} (-1)^n (z-1)^{n-2}$;(3) $\sum_{n=0}^{\infty} \dfrac{1}{n!} \dfrac{1}{(z+1)^{n+1}}$;

(4) $-\sum_{n=0}^{\infty} \dfrac{1}{(2\mathrm{i})^{n+1}} (z+\mathrm{i})^{n-1}, \sum_{n=0}^{\infty} \dfrac{(2\mathrm{i})^n}{(z+\mathrm{i})^{n-2}}$;

(5) $\sum_{n=1}^{\infty} (-1)^{n-1} \dfrac{n(z-\mathrm{i})^{n-2}}{\mathrm{i}^{n+1}}, \sum_{n=0}^{\infty} (-1)^n \dfrac{(n+1)\mathrm{i}^n}{(z-\mathrm{i})^{n+3}}$;

(6) $1+3 \sum_{n=0}^{\infty} (-1)^n \dfrac{2^n}{z^{n+1}} - 8 \sum_{n=0}^{\infty} (-1)^n \dfrac{z^n}{z^{n+1}}, 1+\sum_{n=0}^{\infty} (-1)^n (3 \cdot 2^n - 8 \cdot 3^n) \dfrac{1}{z^{n+1}}$.

11. (1) 0;(2) $2\pi\mathrm{i}$;(3) 0;(4) $2\pi\mathrm{i}$. ((1)～(4)均用洛朗展式中 c_{-1})

第 5 章

1. (1) $z=0, z=\pm 1$ 均为一级极点;(2) $z=0$ 为一级极点,$z=\pm\sqrt{2}\mathrm{i}$ 为二级极点;

(3) $z=1$ 为二级极点,$z=-1$ 为一级极点;(4) $z=0$ 为二级极点;

(5) $z=k\pi-\dfrac{\pi}{4}(k=0,\pm1,\cdots)$ 均为一级极点;(6) $z=0$ 为可去奇点;

(7) $z=\pm i$ 为二级极点,$z=(2k+1)i(k=1,\pm2,\cdots)$ 均为一级极点;

(8) $z=1$ 为本性奇点;

(9) $z=1$ 为本性奇点,$z=2k\pi i(k=0,\pm1,\pm2,\cdots)$ 均为一级极点;

(10) $z=0$ 为可去奇点,$z=1$ 为三级极点;

(11) $z=0$ 为二级极点,$z=\pm\sqrt{k\pi}$,$z=\pm\sqrt{k\pi}i(k=1,2,\cdots)$ 均为一级极点;

(12) $e^{\frac{(2k+1)\pi i}{n}}(k=0,1,\cdots,n-1)$ 均为一级极点.

2. $z=\dfrac{\pi}{2}+2k\pi(k=0,\pm1,\pm2,\cdots)$ 均为二级零点.

3. 用零点定义证.

4. 10 级极点.

5. 对函数 $\dfrac{f(z)}{g(z)}=\dfrac{\dfrac{f(z)-f(z_0)}{z-z_0}}{\dfrac{g(z)-g(z_0)}{z-z_0}}$ 取极限.

6. (1) $\mathrm{Res}[f(z),0]=0$;(2) $\mathrm{Res}[f(z),0]=-\dfrac{1}{6}$;

(3) $\mathrm{Res}[f(z),0]=-\dfrac{1}{2}$,$\mathrm{Res}[f(z),+2]=\dfrac{3}{2}$;

(4) $\mathrm{Res}[f(z),1]=0$;(5) $\mathrm{Res}[f(z),k\pi]=(-1)^k(k=0,\pm1,\pm2,\cdots)$;

(6) $\mathrm{Res}[f(z),0]=0$,$\mathrm{Res}[f(z),k\pi]=(-1)^k\dfrac{1}{k\pi}(k$ 为不等于零的整数$)$;

(7) $\mathrm{Res}[f(z),0]=-\dfrac{4}{3}$;(8) $\mathrm{Res}[f(z),i]=-\dfrac{3}{8}i$,$\mathrm{Res}[f(z),-i]=\dfrac{3}{8}i$;

(9) $\mathrm{Res}\left[f(z),k\pi+\dfrac{\pi}{2}\right]=(-1)^{k+1}\left(k\pi+\dfrac{\pi}{2}\right)(k=0,\pm1,\pm2,\cdots)$;

(10) $\mathrm{Res}\left[f(z),\left(k+\dfrac{1}{2}\right)\pi i\right]=1(k$ 为整数$)$.

7. (1) $\dfrac{4}{5}\pi i$;(2) 0,$\mathrm{Res}[f(z),0]=1$,$\mathrm{Res}[f(z),1]=-\dfrac{1}{2}$,$\mathrm{Res}[f(z),-1]=-\dfrac{1}{2}$;

(3) 0,$\mathrm{Res}[f(z),0]=1$,$\mathrm{Res}[f(z),-1]=-1$;(4) $4\pi e^2 i$;(5) $2\pi i$,$\mathrm{Res}\left[f(z),\dfrac{\pi}{2}i\right]=1$;

(6) $-4i\mathrm{sh}\dfrac{1}{2}$,$\mathrm{Res}\left[f(z),\dfrac{1}{2}\right]=-\dfrac{1}{\pi}e^{\frac{1}{2}}$,$\mathrm{Res}\left[f(z),-\dfrac{1}{2}\right]=\dfrac{1}{\pi}e^{-\frac{1}{2}}$;

(7) $-2\pi i$,$\mathrm{Res}\left[\dfrac{\sin z}{z(1-e^z)},0\right]=\lim\limits_{z\to0}\dfrac{\sin z}{z}\cdot\dfrac{z}{1-e^z}=\lim\limits_{z\to0}\dfrac{1}{-e^z}=-1$;(8) 0;

(9) 当 m 为大于或等于 3 的奇数时,积分等于 $(-1)^{\frac{m-3}{2}}\dfrac{2\pi i}{(m-1)!}$,$m$ 为其他整数或 0 时,积分为 0;

(10) $-12\mathrm{i}$;

(11) 当 $|a|<|b|<1$ 时, 积分为 0; 当 $|a|<1<|b|$ 时, 积分为 $(-1)^{n-1}$

$\cdot \dfrac{2\pi\mathrm{i}(2n-2)!}{[(n-1)!]^2\,(a-b)^{2n-1}}$; 当 $1<|a|<|b|$ 时, 积分为 0.

8. (1) 因 $\mathrm{Res}[f(z),0]=1$, 故 $\mathrm{Res}[f(z),\infty]=-1$ (用定理 5.2.2 或规则 IV);

(2) 因 $\mathrm{Res}[f(z),0]=0$, 故 $\mathrm{Res}[f(z),\infty]=0$ (用定理 5.2.2 或规则 IV);

(3) 因 $\mathrm{Res}[f(z),0]=2$, 故 $\mathrm{Res}[f(z),\infty]=-2$ (用定理 5.2.2);

(4) 因 $\mathrm{Res}[f(z),1]=\dfrac{1}{2}\mathrm{e}$, $\mathrm{Res}[f(z),-1]=-\dfrac{1}{2}\mathrm{e}^{-1}$, 故 $\mathrm{Res}[f(z),\infty]=-1$ (用定理

5.2.2).

9. (1) $2\pi\mathrm{i}$ (用 $\mathrm{Res}[f(z),\infty]=-c_{-1}$ 或规则 IV); (2) $-\dfrac{2\pi}{3}\mathrm{i}$ (用 $\mathrm{Res}[f(z),\infty]=-c_{-1}$);

(3) 当 $n\neq1$ 时, 积分为 0; 当 $n=1$ 时, 积分为 $2\pi\mathrm{i}$ (用 $\mathrm{Res}[f(z),\infty]=-c_{-1}$).

10. (1) $\dfrac{2\pi}{\sqrt{a^2-1}}$; (2) $\dfrac{2\pi}{\sqrt{1-a^2}}$; (3) $\dfrac{\pi}{2}$; (4) $\dfrac{\pi}{2a}$; (5) $\pi\mathrm{e}^{-1}\cos2$; (6) $\dfrac{\pi}{a^2}\mathrm{e}^{-\frac{ab}{\sqrt{2}}}\sin\dfrac{ab}{\sqrt{2}}$.

第 6 章

1. (1) 在 $z_1=-\dfrac{1}{4}$ 处和 $z_2=\sqrt{3}-\mathrm{i}$ 处旋转角分别为 $\arg w_1'=0$ 和 $\arg w_2'=-\dfrac{\pi}{3}$, 伸缩率分

别为 $|w_1'|=\dfrac{3}{16}$ 和 $|w_2'|=12$;

(2) 在 $z_1=1$ 和 $z_2=-3+2\mathrm{i}$ 处旋转角分别为 $\arg w_1'=\dfrac{\pi}{3}$ 和 $\arg w_2'=\dfrac{\pi}{3}$, 伸缩率分别为

$|w_1'|=2$ 和 $|w_2'|=2$;

(3) 在 $z_1=\dfrac{\pi}{2}$ 和 $z_2=2-\pi\mathrm{i}$ 处旋转角分别为 $\arg w_1'=\dfrac{\pi}{2}$ 和 $\arg w_1'=\pi$, 伸缩率分别为

$|w_1'|=1$ 和 $|w_2'|=\mathrm{e}^2$.

2. (1) Z 平面上在 $|z+1|>\dfrac{1}{2}$ 部分被放大了, 在 $|z+1|<\dfrac{1}{2}$ 部分被缩小了;

(2) Z 平面上在 $\mathrm{Re}z=x>-1$ 部分被放大了, 在 $\mathrm{Re}z=x<-1$ 部分被缩小了.

3. 在点 $z=\mathrm{i}$ 处的伸缩率为 $|w'(\mathrm{i})|=2$、旋转角为 $\arg w'(\mathrm{i})=\dfrac{\pi}{2}$. 映射成 W 平面上的虚轴正

向.

4. (1) 在 $z\neq0$ 处映射具有旋转角和伸缩率不变性;

(2) 在 $z\neq\pm\mathrm{i}$ 处映射具有旋转角和伸缩率不变性.

5. (1) $w=\dfrac{z-6\mathrm{i}}{3\mathrm{i}z-2}$; (2) $w=-\dfrac{1}{z}$; (3) $w=\dfrac{1}{1-z}$; (4) $w=\mathrm{i}\dfrac{1+z}{1-z}$.

6. 提示: 由于分式的分子与分母同乘以(或同除以)非零复数后其值不改变, 所以可以调整

系数 a,b,c,d, 可使 $ad-bc=1$.

7. 提示: 直接求得即可得证.

8. (1) $w=-\mathrm{i}\dfrac{z-\mathrm{i}}{z+\mathrm{i}}$;　　(2) $w=\mathrm{i}\dfrac{z-\mathrm{i}}{z+\mathrm{i}}$;　　(3) $w=\mathrm{e}^{\mathrm{i}\left(\frac{\pi}{2}+\varphi\right)}\dfrac{z-a-b\mathrm{i}}{z-a+b\mathrm{i}}$;

(4) $w=\dfrac{z(\sqrt5\mathrm{i}+1)+(\sqrt5+\mathrm{i})}{z(\sqrt5+\mathrm{i})+(\sqrt5\mathrm{i}+1)}=\dfrac{3z+(\sqrt5-2\mathrm{i})}{(\sqrt5-2\mathrm{i})z+3}$. 提示:仿书中有关例题分三步进行求解.

9. (1) $w=\dfrac{2z-1}{z-2}$;　　(2) $w=\dfrac{2z-1}{2-z}$;　　(3) $w=-\dfrac{1+2\mathrm{i}z}{2+\mathrm{i}z}$;

(4) $\dfrac{w-a}{1-\bar a w}=\mathrm{e}^{\mathrm{i}\varphi}\dfrac{z-a}{1-\bar a z}$. 提示:仿书中有关例题分三步进行求解.

10. (1) $w=\dfrac{2(2z+1)}{-z+2}$;　　(2) $w=\dfrac{2}{-z+2}$.

(3) $\dfrac{w-s}{w-\bar s}=\mathrm{e}^{\mathrm{i}\varphi}\dfrac{z-r}{z-\bar r}$, 提示:仿书中有关例题分三步进行求解.

11. 提示:令 $z=x+\mathrm{i}y$, 化 $w=u+\mathrm{i}v$.

12. 提示:令 $z=x+\mathrm{i}y$, 化 $w=u+\mathrm{i}v$.

13. $w=\dfrac{(1+\mathrm{i})(z-\mathrm{i})}{(1+z)+3\mathrm{i}(1-z)}=\dfrac{(1+\mathrm{i})(z-\mathrm{i})}{z(1-3\mathrm{i})+(1+3\mathrm{i})}$.

14. (1) 映射成:$v>u$, 即 $\mathrm{Im}(w)>\mathrm{Re}(w)$.

(2) 映射成:$|w+\mathrm{i}|>1$, $\mathrm{Im}(w)<0$, 即 $u^2+(v+1)^2>1$, $v<0$.

(3) 映射成:$\left|w-\dfrac12\right|>\dfrac12$, $\mathrm{Re}(w)>0$, $\mathrm{Im}(w)>0$, 即 $\left(u-\dfrac12\right)^2+v^2>\dfrac14$, $u>0$, $v>0$.

(4) 映射成:$u>0$, $v<0$.

15. (1) 映射成:$8<|w|<27$, $0<\arg w<\pi$;

(2) 映射成:$\rho<1$, $0<\varphi<\pi$, 即单位圆内部的上半部;

(3) 映射成:$u>0$, $0<v<\pi$, 即半带形域;

16. (1) 映射成:$|w|<1$;　　(2) 映射成:$|w|<1$;　　(3) 映射成:$|w|<1$.

17. (1) $w=\mathrm{e}^{\mathrm{i}\theta}\dfrac{z-\beta}{z+\beta}$　　(其中 $\mathrm{Re}\beta>0$, θ 为任意实数);

(2) $w=\dfrac{\mathrm{e}^{2z}-\mathrm{i}}{\mathrm{e}^{2z}+\mathrm{i}}$;

(3) $w=\mathrm{e}^{\mathrm{i}\theta}\dfrac{z-R\alpha}{R-\bar\alpha z}$　　(其中 $|\alpha|<1$, θ 为任意实数).

18. (1) $w=-\left[\dfrac{z+(\sqrt3-\mathrm{i})}{z-(\sqrt3+\mathrm{i})}\right]^3$;　　(2) $w=\left[\dfrac{z-\sqrt2(1-\mathrm{i})}{z-\sqrt2(1+\mathrm{i})}\right]^4$;　　(3) $w=\left(\dfrac{z^4+16}{z^4-16}\right)^2$;

(4) $w=-\left(\dfrac{z^{2/3}+2^{2/3}}{z^{2/3}-2^{2/3}}\right)^2$;　　(5) $w=\left(\dfrac{z^{\frac12}+1}{z^{\frac12}-1}\right)^2$;　　(6) $w=\mathrm{e}^{2\pi\mathrm{i}\frac{z}{z-2}}$.

参考文献

李忠. 2011. 复变函数. 北京:高等教育出版社

林长胜. 2004. 复变函数. 成都:四川大学出版社

全国高等教育自学考试委员会办公室组编、贺才兴. 1998. 复变函数与积分变换. 沈阳:辽宁大学出版社

西安交通大学高等数学教研室. 1999. 工程数学:复变函数. 4 版. 北京:高等教育出版社

晏平. 2011. 复变函数引论. 北京:清华大学出版社

祝同江. 2012. 工程数学:复变函数. 3 版. 北京:电子工业出版社